U0312220

食品生物工艺专业改革创新教材系列

审定委员会

主　任　余世明

委　员　（以姓氏笔画为序）

王　刚　刘海丹　刘伟玲　许耀荣　许映花

余世明　陈明瞭　罗克宁　周发茂　胡宏佳

黄清文　潘　婷　戴杰卿

食品生物工艺专业改革创新教材系列　总主编 余世明

中餐 ZHONGCAN
冷拼制作 LENGPIN ZHIZUO

主编 ◎ 蔡 阳

暨南大学出版社
JINAN UNIVERSITY PRESS

中国·广州

食品生物工艺专业改革创新教材系列

编写委员会

总 主 编 余世明

秘 书 长 陈明瞭

委　　员（以姓氏笔画为序）

王　刚　　王建金　　区敏红　　邓宇兵　　龙伟彦

龙小清　　冯钊麟　　刘海丹　　刘　洋　　江永丰

许映花　　麦明隆　　杨月通　　利志刚　　何广洪

何婉宜　　何玉珍　　何志伟　　余世明　　陈明瞭

陈柔豪　　欧玉蓉　　周发茂　　周璐艳　　郑慧敏

胡源媛　　胡兆波　　钟细娥　　凌红妹　　黄永达

章佳妮　　曾丽芬　　蔡　阳

编写说明

为了更好地适应中等职业技术学校烹饪专业的教学要求，广东省贸易职业技术学校中餐教研组的有关专业教师和行业的专家，根据广东省中等职业技术学校的实际情况，对中等职业技术学校烹饪专业"中餐冷拼制作"的教材进行了修订。

这次校内教材修订工作的重点主要有以下几个方面：

第一，坚持以学生能力为本位，重视实践能力的培养，突出职业技术教育特色。根据学校烹饪专业毕业生所从事的职业的实际需要，合理确定学生应具备的能力结构与知识结构，对教材内容的深度、难度做了较大程度的调整与修改。同时，进一步加强实践性教学内容，以满足企业对技能型人才的需求。

第二，根据餐饮行业的发展，合理更新教材内容，尽可能多地在教材中充实新知识、新方法、新设备和新工艺等方面的内容，力求使教材具有鲜明的时代特征。同时，在教材编写过程中，严格贯彻国家教育部门有关技术标准的要求。

第三，努力贯彻国家关于职业资格证书与学历证书并重、职业资格证书制度与国家就业制度相衔接的政策精神，力求使教材内容涵盖有关国家职业标准（中高级）的知识和技能要求。

第四，在教材编写模式方面，尽可能使用更多的实物照片、表格将各个知识点生动地展示出来，力求给学生营造一个更加直观的认知环境。同时，针对相关知识点，设计了很多贴近生活的导入和互动性训练等，意在拓展学生思维和知识面，引导学生自主学习。

本教材可供中等职业技术学校中式烹饪专业使用，也可作为职工培训教材。本次教材的修订编写工作得到了广东省贸易职业技术学校中餐教研组全体教师的积极配合及学校有关领导的大力支持，在此表示诚挚的感谢。

《中餐冷拼制作》的主要内容包括冷拼的制作原料、冷拼原料制法、花色冷拼造型实例。本书由广东省贸易职业技术学校教师蔡阳担任主编，麦明隆、林耀旭担任副主编，朱洪朗参编，余世明、王刚审稿。

本书编者及产品制作者照片

主　编：蔡　阳

副主编：麦明隆

副主编：林耀旭

参　编：朱洪朗

CONTENTS

目录

模块三 花色冷拼造型实例

模块 一

冷拼的制作原料

师傅教路： 冷拼是中式烹调的一门专业课程，它的制作原料主要分为植物性原料、动物性原料和加工性原料。

冷拼常用原料及用途

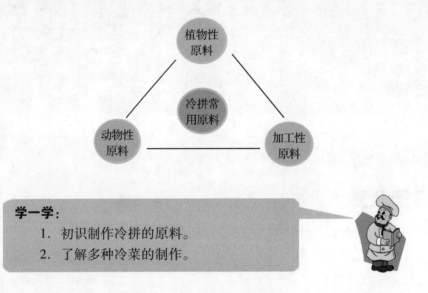

学一学：
1. 初识制作冷拼的原料。
2. 了解多种冷菜的制作。

　　冷菜是用来制作冷拼的主体材料。通过各种不同的成熟方法，将冷菜加工成达到制作标准的熟制品的过程称为冷菜制作。冷菜的加工成熟，其意义并不同于普通意义上热菜的加热成熟。它有两种形式：第一，通过加热调味的手段将原料加工成熟；第二，不通过加热的方式直接用调味把原料制"熟"。从这个意义上讲，冷菜的许多制熟方法是热菜烹调方法的延伸或者综合运用。冷菜的制作，从色、香、味、形、质等方面，都与热菜明显不同。如何才能制成符合制作需要的冷菜，这要求我们要熟悉掌握冷菜制作的技艺。掌握冷菜制作的技艺对保证菜肴的质量、提高烹饪技艺都具有重要的意义。

一、植物性原料

　　（1）黄瓜：皮青、肉嫩，既可生食又可调味后食用。黄瓜是冷拼制作的常用原料，可以制成竹叶、竹节和松树叶等，也可选用特殊形状的黄瓜制成孔雀头，还可通过刀工处理后制成鱼尾、水草、花叶、羽毛等。

（2）胡萝卜：色泽鲜艳，分红、黄两种，价格低廉，是理想的花式冷拼用料。胡萝卜熟料常用于折叠各种形状的刀面，生料既可用于折叠各种形状的刀面，又可用于雕刻各种花卉、虫、鱼、鸟、兽等。

（3）心里美：又称紫萝卜，皮青，肉的色彩分布比较自然，可随冷拼配料需要任意加工制作。用心里美雕刻的花卉色泽自然、形态逼真，艳而不俗。在冷拼中，心里美常和白蛋糕排叠在一起，色泽更耀眼。

（4）长白萝卜：质地嫩而细密，个大而细长，可雕刻各种花卉、鸟、兽、昆虫等。长白萝卜可切成大薄片，包入胡萝卜或药芹长丝，卷成长条，再切成菱形块，排叠成花，装饰各种艺术冷拼。

（5）红皮萝卜：皮红肉白，质地脆嫩，含水量大，是雕刻花卉、禽、鱼、虫、山水等造型的理想原料，通常用作雕刻孔雀尾、金鱼尾及红边白心的花卉等。

（6）香菜：又称芫荽，叶多、茎细、色泽浓绿，质地形状美观，具有特殊芳香气味，常用嫩叶、嫩茎制成花叶、树叶、绿草或用作点缀。单独使用较少，与其他原料配合使用较多。

（7）莴苣：又称莴笋，白色淡绿，质地如玉，除去外皮，可雕成蜻蜓排盘成刀面。

（8）芹菜：一般用其茎和叶，色泽碧绿、质地脆嫩，用途很广，可单独凉拌食用。叶可作为胡萝卜卷的包卷料，还可作蝴蝶的触须等。

（9）南瓜：又称番瓜、麦瓜、倭瓜、金瓜等。色泽金黄，皮硬肉软。除了作为菜肴烹调外，南瓜也是雕刻花卉、禽、鱼、虫、山水等造型的常用原料。

（10）番茄：又称西红柿，有红色、粉红色、黄色三种颜色，可折叠制成各种图案。

（11）辣椒：又称"大辣""辣子"，品种繁多、形状各异，按颜色可分为青椒和红椒等。青椒色泽翠绿纯正，光泽度好；红椒调味后，鲜艳有光泽，制成鸡冠、太阳等栩栩如生。

（12）樱桃：烹饪上应用的樱桃是经过加工的糖水无核樱桃，分为红樱桃、绿樱桃两种，其形圆、味甜、色泽诱人，常用作衬托色泽和排叠各种花形。

（13）竹笋：是竹类的嫩茎，品种多达十余种，一般分为春笋、冬笋、鞭笋和干笋。笋肉色嫩黄、肉厚质脆、味鲜，加工调味后，常用其形制成鱼头，或排叠各种形态的刀面。

（14）香菇：属食用菌类，黑褐色，营养丰富，肉质鲜美，香味奇特。香菇经烹调加工后，可制成梅树，也可制成动物眼睛，或用于装饰点缀，使用甚广。

（15）土豆：又称马铃薯，形状多样、皮薄体大、肉质细密。土豆可雕刻成花。在冷拼中，常将土豆煮熟制成土豆泥，因土豆泥具有很好的可塑性和黏性，是理想的垫底原料。

二、动物性原料

（1）盐水鸭：是鸭子经腌、煮等工序制成的熟食品，皮白、肉红，食之香、酥、板、嫩，肥美而回味无穷。盐水鸭切成片排叠刀面，红白相间，色泽美观，可拼成葵花盘形象，还可以切成菱形块制成冷拼的围碟。

（2）烤鸭：是鸭子经烫、晾、烤等制成的熟食制品，皮脆具有良好的光泽度，肉鲜嫩，味香。烤鸭在冷拼中可切成色彩相间的刀面，制成各种形式的蝴蝶。

（3）盐水虾：是在虾中加入葱、姜、酒、盐等煮制而成，色泽鲜红，自然弯曲，虾肉鲜嫩味美。盐水虾在花式冷拼中应用很广，可排成花和刀面，可制成蝴蝶或制成花圃围栏和桥围拉封。

（4）五香牛肉：是牛肉经腌、煮而制成的熟食品，色泽酱红，酥烂糯口、咸鲜味浓、清爽不腻。五香牛肉在花式冷拼中常用作配色或切成薄片，拼摆成各种各样的刀面。

（5）猪舌：是猪舌经腌、煮而制成的熟食品，质地坚实，色泽浅红，舌香味鲜。猪舌的舌尖部自然弯曲，常用来制作各种大型鸟的尾和翅翼，也常用来拼摆刀面。

（6）海蜇：为海产大型水母类制品，加工后常调成葱油味，其色泽为深褐色，质地酥脆，形状独特。海蜇切片后，可叠成牡丹花或海草，亦可作其他的装饰或作点缀。

三、加工性原料

（1）红肠：又称茶肠，是用牛的盲肠或大肠灌制而成，皮衣色泽鲜红，肉呈玫瑰红色，肉质细腻，鲜嫩可口，常用作拼摆荷叶大面或其他刀面。

（2）火腿：是用猪后腿加工而成的一种腌腊制品，在我国江苏、浙江、云南等地最负盛名。火腿经蒸煮后，色泽鲜红，肉质坚实，腊香味浓厚，是切片排叠各种形状刀面的理想原料，亦可衬托色香。

（3）松花蛋：又称"皮蛋""卞蛋"，是鲜鸭蛋在纯碱、石灰、茶叶、食盐等作用下制成的。其蛋白凝固，具有弹性，呈茶色或黄色透明胶状，蛋黄深青色。松花蛋剖面绚丽多彩，其月牙片常用来拼摆鹤和其他鸟类的尾羽，或常用来制成动物的眼睛。

（4）肉松：按其所加工原料的不同可分为猪肉松、牛肉松、鱼肉松、兔肉松等。猪肉松色泽金黄，柔软如絮，酥松香鲜，咸中带甜，香味浓郁，滋味鲜美。猪肉松不仅可以用作花式冷拼的垫底，还可以直接用来塑造各种动物形象，如猴子等。

（5）西式火腿：是现代食品工业的产品之一，色泽淡红，咸、鲜、香、嫩，质地细腻，可塑性强，可用来拼成体积较大的桥状，亦可雕成各种实体，还可根据需要切成各种形状作装饰点缀。

（6）鸡糕：是现代食品工业的产品之一，质地充实有韧性，色泽洁白，口味咸、鲜、香。鸡糕在花式冷拼中，可用来雕刻实体如桥、船等，也可切成刀面。

用于花式冷拼的原料还有很多，植物性原料有琼脂、发菜、口蘑、银耳、猴头菌和水果等，动物性原料有烤鸡、芝麻里脊、香肠、猪肉脯、卤猪肝等。

知识拓展 冷拼的起源与发展

艺术根植于生活，冷拼也来源于人们的社会生活，它是在一定的社会背景下产生的，是劳动人民创造的。翻开历史的画卷，人类在上古时代是茹毛饮血的生食方式，自从人类学会使用火以后，才开始食用熟食。火的利用孕育了原始的烹饪，使人类进入了文明时期，人类社会活动的内容也变得更加丰富多彩了。从史料上看，冷拼制作起源于三千多年前的殷商时期，那时叫作"饤"，"饤"就是码起的意思，即将食物码在一种叫作"饾"的容器内。后来"饤"演化成"饾饤"，也称"饤饾"。这就是古籍《礼记·表记》中所描述的"殷人尊神，率民以事神，先鬼而后礼"。在当时，这种拼盘不是供人食用的，而是祭祀祖先用的供品，是一种"看菜"。后来，拼盘不只是供品，还是一道美食，祭祀结束后，参与者便围聚在一起尽情饱餐一顿。诗人韩愈写道："或如临食案，肴核纷饤饾，呼奴具盘飧，饤饾鱼菜瞻。"陆游也说："珍盘饾饤百味俱，不但项脔与腹腴。"杨慎在《升庵全集》中引用《食经》的话解释"饤饾"道"五色小饼，作花卉禽珍宝形，按抑盛之，盒中累积"，从这段话中可以看出"饾饤"与花色冷拼是十分相似的。

隋唐时期是我国封建社会的中期，也是中国烹饪发展史上的第一个高潮，冷拼的拼摆技艺有了很大的发展和提高，逐渐成了酒家宴席上的常见佳肴和装点宴席的工艺品。隋炀帝杨广南巡江都时所吃到的"金齑玉脍"是当时较高级的冷拼艺术菜。《卢氏杂说》上记载："唐御厨进食用九饤食，以牙盘九枚装食味于其间，置上前，亦谓之香食。"这是唐代使用冷拼的主要资料。韦巨源的《烧尾宴食单》中有道名菜叫"五牲盘"，是将牛、猪、羊、熊、鹿五种肉制熟拼装；另一道名菜叫"八仙盘"，后面注明"剔鹅作人副"，即利用鹅肉拼出图形。

至宋代，冷拼的制作已蔚然成风，而且更为精湛。《李师师外传》中说，李师师献给宋徽宗的菜"皆龙凤形，镂或绘，悉如宫中式"，就说明冷拼的应用之广。此期还有一道吴越名誉"玲珑牡丹鲊"，据《清异录》记载："吴越之地有一种玲珑牡丹鲊，以鱼叶斗成牡丹状，既熟出盘中，微红如初开牡丹。"诗人陆游的诗句"清酒如露鲊如花"就是对"玲珑牡丹鲊"所作的赞誉佳句。当时还出现了一位技艺超群的女厨师（尼姑）梵正，她将绘画艺术和烹饪技艺巧妙地结合起来，制作出大型风景冷拼"辋川图小样"二十景，《清异录》中就记载了其制作过程。辋川是条溪流，在陕西蓝田南部，源出秦岭北麓，景色很美，梵正采用腌鱼、炖肉肉丝、肉脯、肉茸、酱瓜、新鲜蔬菜等不同颜色的食品，殚思竭虑，组成兼有山水、花卉、庭院、馆舍的二十个独立成景的小冷盘，把王维晚年隐居的"辋川别墅"风光搬上餐桌。她用精湛的刀工，拼制出高水平的风景冷拼，充分显示了

劳动人民的聪明才智。另在《崇桃轩杂缀》中有记载："唐有静尼出奇思，以盘饤簇成山水，每器占'辋川图'一景，人多爱玩，不忍食。"

清明时期是中国烹饪硕果累累的全盛时期，烹饪技艺更为细腻纯熟，冷拼的制作更为精湛，拼摆技艺风格雅致，造型精美，品种繁多，由于不苟形成，能被人们广泛接受，在形态上更加生动活泼，有较强的思想性、艺术性和可食性。《坚瓠集》中提到"吴越里戚孙承佑者，豪奢炫俗，用龙脑煎酥，制小样骊山、水、竹、尾宇、桥梁、人物，纤悉具备"。

辛亥革命之后，随着中外文化交流，冷拼制作的技艺也在不断发展，拼摆艺术从平面拼摆向半立体和立体拼摆发展，以精巧的造型、娴熟的刀工技巧、丰富的烹调方法，将熟制的干香脆嫩、鲜醇味厚、辛辣爽口、芳香诱人的菜肴拼摆出各种形态的艺术拼盘，如"梅竹图""雄鹰展翅""龙凤呈祥"等大型艺术拼盘，这不仅是一种美的享受，也是一种艺术展示。随着社会的发展和人民生活水平的提高，人们在不断总结前人经验的基础上，继承和发扬了冷拼技术，全国各大饭店、宾馆、酒楼相继培养了大批冷菜烹制人员，他们在生活中不断寻求新的素材，在繁荣经济、活跃市场、丰富人们生活中发挥着重要的作用。

模块一 自我测验题 1

一、单项选择题

要加油哦！

1. 冷拼制作过程中，原料应该尽可能选择（　　）原料。
   A. 食用价值高的
   B. 植物性
   C. 动物性

2. 下列原料中，（　　）是冷拼制作中常用的垫底原料。
   A. 白切鸡丝　　　　　B. 黄瓜　　　　　C. 白萝卜

3. 冷拼制作要有（　　），根据季节的变化选用时令原料作冷菜。
   A. 口味特点　　　　　B. 季节性　　　　C. 一定技术基础

4. 拼摆好的拼盘成品要放入冷藏柜，不能（　　）。
   A. 和生料放在一起
   B. 和熟料放在一起
   C. 生熟分开

5. 适宜蔬果雕刻的原料品种有（　　）。
   A. 黄瓜、西瓜、香蕉、龙眼
   B. 哈密瓜、木瓜、榴梿
   C. 菠萝、茄子、冬瓜
   D. 葱头、南瓜、西红柿

6. （　　）具有很好的可塑性和黏性。
   A. 竹笋　　　　　B. 胡萝卜　　　　C. 黄瓜　　　　D. 土豆

7. 动物性原料解冻温度一般不超过（　　）。
   A. 25℃　　　　　B. 40℃　　　　C. 45℃　　　　D. 50℃

二、简答题

1. 冷拼原料有哪几种？
2. 在冷拼制作过程，原料的选择需要注意哪些问题？

冷拼制作的基本工具

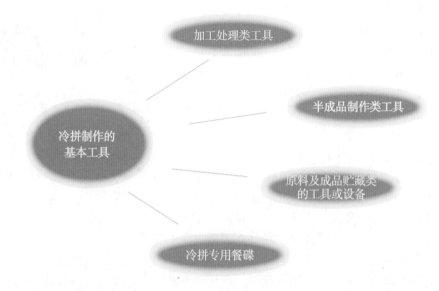

加工处理类工具

半成品制作类工具

冷拼制作的
基本工具

原料及成品贮藏类
的工具或设备

冷拼专用餐碟

一、加工处理类工具

（一）冷拼刀的种类和使用

厨师使用的刀种类很多，但一般可按其用途和形状来分类。按刀的用途分类，可分为片刀、斩刀及前片后斩刀三种。其中冷拼制作常用的刀具为片刀。

1. 片刀

片刀包括桑刀，但形状和重量不同。片刀重一斤左右，轻而薄，刀刃锋利，钢质纯硬。

片刀适宜于切或片精细的原料，如鸡丝、火腿片、肉片等，但不可切带骨的或硬的原料，否则易伤刀刃。

冷拼制作对刀具的要求十分严格，只有保证刀具锋利不钝，才能使经刀工处理后的原料整齐、平滑、美观，没有互相粘连的毛病。因此，平时要注意刀的保养，每次用完刀后必须揩擦干净，放在刀架上，勿使其生锈，还必须懂得磨刀的方法。现将刀的一般保养及磨刀方法分述如下：

（1）用刀后的一般保养方法。

①用后必须用干净手布揩干水分，特别是处理过咸味或带有黏性的原料，如咸菜、藕、山药等，切后黏附在刀两侧的酸容易氧化，使刀面发黑，所以用后要用水洗净揩干。

②刀使用后放在刀架上，刀刃不可碰在硬的东西上，避免碰伤刀口。

③雨季应防止生锈，每天用完后最好在刀口上涂上一层油。

（2）磨刀前的准备工作。

①把刀放在碱水中浸一浸，擦去油污，再用清水洗净，冬天可用热水烫一烫。

②磨刀石要放在磨刀架上，如果没有磨刀架就在磨刀石下面垫一块抹布，防止磨刀石滑动。

③磨刀石要两头略低，中间略高，经磨后变形必须放在石地上，重新磨成平一字式样。

④磨刀石要经常用水浸透，磨刀前准备一盆清水备用。

2. 雕刻主刀

制作一些相对精致的冷拼作品时，可用雕刻主刀雕刻小部分的冷拼配件，增强冷拼的美观效果，如冷拼公鸡中鸡头、鸡爪的雕刻处理。

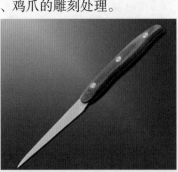

3. 削皮刀

削皮刀用于蔬果类原料的削皮加工处理。

（二）磨刀石的介绍及其使用方法

磨刀石有粗磨刀石（马尾石）、细磨刀石、磨刀油石、磨刀棒等。粗磨刀石的主要成分是黄沙，质地较粗；细磨刀石的主要成分是泥沙，质地较好。细磨刀石容易将刀磨利，同时不伤刀口；粗磨刀石可以快速对刀具进行打磨，但刀口总有一些损伤，容易缩短刀的使用寿命。所以这两种磨刀石各有用处，是必不可少的工具。

师傅指点：
　应正确使用磨刀棒。

1. 磨刀棒的操作方法

左手握磨刀棒，右手拿刀，刃口向上，磨刀棒与刃口接触角度是20°~25°，往刀尖的方向扫过去。一般每一边的刀刃磨3~4次即可。

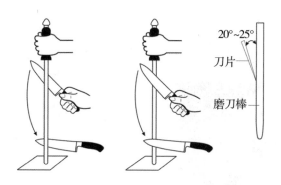

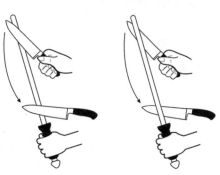

师傅指点：
下面就让我们一起学习磨刀石的操作方法。

2. 磨刀石的操作方法

（1）磨刀姿势。两脚分开，成一前一后站定，胸部稍微向前，右手执刀，左手按在刀面上，刀背朝身体，刀刃向外，左手按得重一些，以防脱手造成事故。

（2）各种刀的磨法不同。

①片刀：只能在细磨刀石上磨，磨时刀背略翘起一分左右；

②斩刀：要先在粗磨刀石上磨，磨出锋口后，再在细磨石上磨，磨时刀背略翘起两分左右。

（3）开始磨的时候，刀面上、磨刀石上都要淋水，刀刃要紧贴磨刀石，当磨得发黏时需淋水。

（4）推磨时将刀刃推过磨刀石约一半刀面。

（5）磨刀时要经常翻转刀的正反面，正反两面磨的次数应保持相等，而且刀的前、中、后各部必须磨得均匀，才能使得刀刃平直。

（6）有缺口的刀，应先在粗磨刀石上磨，把缺口磨平后再在细磨刀石上磨。

想一想：
通过本节的学习，你都领悟到了什么？

（三）砧板及其使用

砧板是对原料进行刀工操作的衬垫工具。

1．砧板的鉴别

最好的砧板是由橄榄树或银杏树（俗称白果树）的木材做的，这些木材质地紧密，耐用；其次是皂荚树、榆树，其他的如红松也很好。此外还应注意砧板的树皮的完整，树心不烂、不结疤，以及砧板的颜色，如砧板面呈微青色，且颜色一致，说明这块砧板是由正在生长的活树的木材制成的，质量好；如砧板面呈灰暗色或有斑点，说明这块砧板是用死了很久的树的木材制成的，质量差。

小贴士：

使用砧板的作用：

（1）用砧板垫在操作台上切配原料，能使食品保持清洁卫生。生料与熟料应分开切配，以防止细菌传染。一种原料切好后，须用刀铲除砧板上的卤汁、油水或污秽，用干净手布揩擦干净后再切其他原料。

（2）能够使原料切配整齐均匀。用砧板能将原料切得整齐均匀，如直接在案板上切，案板很快会变得凹凸不平，切出来的原料也就不能整齐均匀了。如砧板有凹凸不平时，应及时修整刨平。

（3）对刀和案板起保护作用。砧板的木质是直丝缕，刀刃不易钝；案板的木质是横丝缕，易伤刀刃，而且用砧板可以延长案板的使用寿命。

2．砧板的保养

（1）可用盐水涂在新砧板的表面，使砧板的木质经过盐渍后起收缩作用，质地更为结实耐用。

（2）使用砧板时不可专用一面，应该两面轮流使用，以免专用一面而使该面凹凸不平。

（3）如发现砧板表面有凹凸不平时，可以用钢刨轻轻刨去凸起部分，以保持砧板表面的平滑。

（4）砧板使用完毕后，应刮清、擦净，用干净的布罩好，竖放吸干水分。

保养前　保养后

（四）镊子

镊子主要用于冷拼制作过程中对细小的原料进行操作，如鸟类羽毛、鱼类鳞片的拼摆等。

（五）刀架

刀架用于冷拼刀具的储存摆放，能够很好地保护刀具的刀口不易受到损坏。

二、半成品制作类工具

（1）保鲜盒：储存冷拼原料以及加工制作的半成品，密封性强，能有效地防止冷拼原料间互相串味和表面脱水风干等现象。

（2）不锈钢汤盆：主要用来盛装冷拼中各种小配件原料。值得注意的是，不锈钢汤盆不可以长时间盛放盐、酱油、醋、菜汤等。长时间存放，汤盆会与这些电解质发生化学反应，使有毒的金属元素被溶解出来。所以，要特别注意不锈钢汤盆的清洗问题。

（3）不粘平底锅：主要用于煎制冷拼的半成品原料，比如煎制蛋皮等。

（4）一次性消毒口罩：在制作食品过程中，戴口罩也是非常重要的。主要是防止食品在制作过程中喷溅到人体口沫之类的直接性污染源。

（5）网筛：主要用于过滤掉较大颗粒状沉淀物。在冷拼制作中，有些原料需要过滤，如白蛋糕、黄蛋糕等。在制作黄蛋糕时，将蛋黄进行过筛，以达到更加醇滑的口感，这就是网筛过滤的作用。

三、原料及成品贮藏类的工具或设备

（1）保鲜膜：在冷拼制作过程中，大部分是冷菜，所以保鲜膜可以将食品包裹起来，一方面减少细菌污染，另一方面便于保存。

（2）冰柜：存储冷拼的原料、半成品和成品。其中注意将冰柜安放在通风良好的地方。如果冰柜周围堆满杂物，或者靠墙太近，都不利于散热，会影响制冷效果。冰柜顶面应留有至少30cm的空间，背面和两侧面应留有至少10cm的空间，以利散热。

四、冷拼专用餐碟

（一）圆形陶瓷冷拼碟

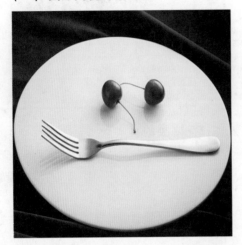

（二）方形仿瓷冷拼碟

（三）直角长方形陶瓷冷拼碟

（四）圆角长方形陶瓷冷拼碟

 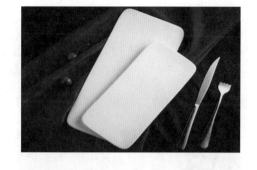

（五）圆角正方形陶瓷冷拼碟

（六）椭圆形陶瓷冷拼碟

知识拓展　冷拼常用的刀法

用锯刀法和直刀法相结合的方法来切经过熟制的肉类，易切出所需要的形态。如只用一种刀法就切不出较为整齐的肉面，处理不同质地的肉应采用不同的刀法：嫩软的肥肉要用锯刀法；质地脆硬的瘦肉可用直刀法。因此，这两种刀法应结合起来使用，切出来的肉面才能光滑整齐，如"什锦大拼盘"所用的牛肉、火腿等，要想切得丰满多彩，色彩明快，图案艺术性强，就应该将锯刀法和直刀法结合起来，先锯切表面软的原料待刀刃进入1/3时，再直刀切下去，以保持原料表面的光滑美观。两种刀法恰当地变换使用，能使冷拼更富有艺术感染力。

劈、拍、斩、剁相结合。在切配一些带骨的原料时，需要变换使用这几种刀法，其中以剁为主。剁原料时，为防止原料跳动，有时先要进行拍或劈，然后再剁，如切盐水鸭，应将刀从鸭的前部肉厚处切入，在竖起的刀背上用手拍击使其分开，然后再一刀一刀剁下来。

滚刀切一般是把原料切成一边厚一边薄，这样易于入味且美观大方。滚刀切常用于切萝卜、莴苣、竹笋、茭白等根茎类原料。如制作"海南风光"拼盘时，用滚刀法切萝卜，然后将萝卜像山一样摆在盘里，给人们一种既抽象又具体的感觉。

抖刀是指在冷拼切配中进行平刀批或斜刀批时上下抖动，使其所切刀面呈波浪形的刀纹。例如，切卤豆腐干的时候就用抖刀法切成片，然后再切成条形，这样截面就成锯齿形。

雕刻法主要用于在冷拼中雕刻原料，雕刻成形的原料可以直接配入冷菜之中，既增加色彩，又给人以美的享受。主要有以下两种雕刻法：

（1）立体雕刻法。立体雕刻法就是将块状或熟的原料雕刻成各种立体造型，如大型冷拼"龙凤呈祥"中的龙头、凤头，均采用这种方法雕刻而成。

（2）平面雕刻法。平面雕刻法就是用各种不同造型的模具刀采用挤压的方法，将原料刻出不同形状的薄片和厚片，如冷拼"凤凰展翅"中的凤尾，常用凤尾模具刀将黄白蛋糕挤压成实体，再切成凤尾片。冷拼常用的模具刀有柳叶形、月牙形和象眼形等，用这种模具刀雕刻出的各种花鸟和景物形态逼真，可以提高冷拼的拼摆质量。

模块一自我测验题2

一、单项选择题

要加油哦！

1. 在冷拼制作中，通常用（　　）对原料进行加工处理。

   A. 砍刀 　　　　　　　 B. 片刀

   C. 文武刀 　　　　　　 D. 雕刻刀

2. 下列选项中（　　）的操作方法是不正确的。

   A. 把刀放在碱水中浸一浸，擦去油污，再用清水洗净，冬天可用热水烫一烫

   B. 磨刀石直接放在操作案板上或其他平整的台面上进行磨刀操作

   C. 磨刀石要两头略低，中间略高，经磨后变形必须放在石地上，磨成平一字式样

   D. 磨刀石要经常用水浸透，磨刀前准备一盆清水备用

3. 蔬菜类的原料选用的是（　　）砧板进行加工处理。

   A. 白色 　　　　　　　 B. 绿色

   C. 红色 　　　　　　　 D. 黄色

4. 不粘平底锅在清洗过程应注意的问题，表述正确的是（　　）。

   A. 不能用硬质材料如钢丝球等进行刷洗

   B. 将需要清洗的不粘平底锅与其他餐具堆叠一起存放

   C. 由于不粘平底锅表层有一层保护层，因此冲洗好的不粘平底锅不需抹干水分

   D. 以上选项均不正确

二、简答题

1. 简述砧板的使用与保养的基本要求。
2. 简述冷拼原料及其半成品原料的保存技巧与方法。
3. 如何判断刀具是否打磨锋利？具体从哪几方面进行分析？
4. 冷拼制作过程中，不同原料的加工对刀具的选择有什么样的要求？

模块 二

冷拼原料制法

师傅教路： 我们在制作花式冷拼作品之前，除了使用现成的动植物性原料之外，通常还需要使用一些用于冷拼的半成品原料，这类原料大多为经过刀工以及加热成熟之后制成的。一个冷拼的半成品原料，少则由一两种原料构成，多则需要十几种原料，制作工艺非常考究，难度也是比较大的。

特殊原料实例

南瓜糕

师傅指路：
制作花色冷拼时使用的南瓜糕，通常指的是使用琼脂、鱼胶粉与南瓜蓉搅拌加热制作出来的原材料。

一、原料及工具介绍

原料	工具
南瓜	蒸锅
琼脂	不锈钢盆
鱼胶粉	搅拌器

二、工艺制作流程

南瓜蒸熟 → 琼脂涨发溶解 → 搅拌加热 → 冷却成形

三、工艺制作过程

（1）将南瓜切成小粒，然后放入蒸锅蒸熟。

（2）将蒸熟后的南瓜用搅拌器打碎。

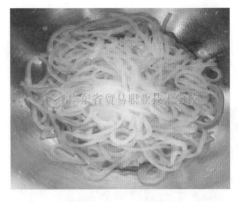

（3）将琼脂进行水发，取出部分琼脂然后沥水。

（4）在琼脂中加入鱼胶粉，然后使用不锈钢盆进行隔水炖制。

（5）等待琼脂溶解之后加入南瓜蓉，用搅拌器搅拌至均匀。

（6）将加热好的南瓜糕液放入方形的不锈钢盆中冷却。

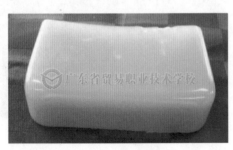

（7）南瓜糕液温度降下来后放入冰箱中冷藏，可以加速南瓜糕的成形。

小贴士：

成品特色为色泽艳丽，质地软韧，味道清香。

椰汁糕

师傅指路：

制作花色冷拼时使用的椰汁糕，通常指的是使用琼脂和椰浆进行勾兑加热制作出来的原材料。

一、原料及工具介绍

原料	工具
罐装椰浆	锅
琼脂	不锈钢盆
	搅拌器

二、工艺制作流程

琼脂涨发溶解 → 搅拌加热 → 冷却成形

三、工艺制作过程

（1）使用罐装椰浆。

（2）将琼脂涨发之后，取出部分沥水。

（3）将琼脂隔水炖制。

（4）待琼脂完全融化之后，加入椰浆充分搅拌至均匀。

（5）将加热好的琼脂溶液放入方形的不锈钢盆中冷却。

（6）为了加速原料成形，可以待溶液完全冷却之后放入冰箱中冷藏。

小贴士：
　　成品特色为色泽洁白，质地软韧，椰香味浓郁。

指点迷津：
　　南瓜糕与椰汁糕在制作的时候有很多相似之处，由于南瓜为蓉质原料，相对于椰浆会有少数颗粒存在，故在加工的时候可以添加少量鱼胶粉，帮助其成形。另外，在制作南瓜糕的时候可以利用网筛过滤。

蛋皮卷

师傅指路：

　　制作花色冷拼时使用的蛋皮卷，通常指的是使用蛋皮将肉胶进行包裹蒸制之后制作出来的原材料。

一、原料、工具及调味品介绍

原料	工具	调味品
鸡蛋	蒸锅	盐
猪肉	不锈钢盆	鸡精
包装紫菜	搅拌器	料酒

二、工艺制作流程

猪肉加工 → 蛋皮制作 → 卷制成形

三、工艺制作过程

（1）使用包装紫菜。

（2）将全蛋搅散，特别是蛋白，要充分搅打开来，但是不能打出泡。

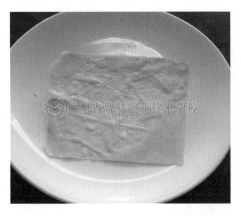

（3）蛋皮制作出来之后将其修成长方形。

（4）将猪肉剁碎之后进行调味。

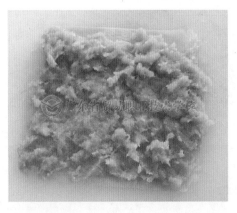

（5）将入味之后的猪肉均匀地平铺在蛋皮之上。

（6）将紫菜平铺在猪肉上，将四周多余的猪肉去除。

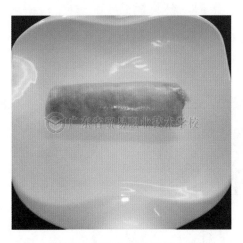

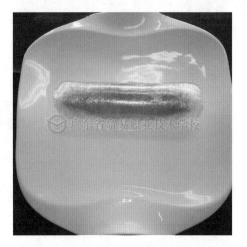

（7）将盖好紫菜的蛋皮卷进行卷制。

（8）将卷制好的蛋皮卷用保鲜膜充分包裹起来，然后蒸制。

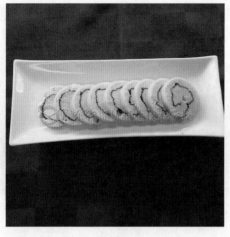

（9）蒸好的蛋皮卷可以根据冷拼的要求进行加工。

小贴士：

　　成品特色为外皮金黄，质地软韧，有弹性，肉味清香。

鱼胶卷

师傅指路：

　　制作花色冷拼时使用的鱼胶卷，通常指的是使用蛋皮将鱼胶进行包裹，蒸制之后制作出来的原材料。

一、原料、工具及调味品介绍

原料	工具	调味品
鸡蛋	蒸锅	盐
鱼肉	不锈钢盆	鸡精
菠菜汁	搅拌器	料酒

二、工艺制作流程

鱼肉加工 → 蛋皮制作 → 卷制成形

三、工艺制作过程

（1）将全蛋搅散，特别是蛋白，要充分搅打开来，但是不能打出泡。

（2）蛋皮制作出来之后将其修成长方形。

（3）将鱼肉剁成鱼胶，加入菠菜汁之后再进行调味。

（4）将鱼胶灌入裱花袋中，方便鱼胶的使用。

（5）先在蛋皮的表面涂抹一些鱼胶，然后在蛋皮的一端用裱花袋挤出一整条鱼胶。

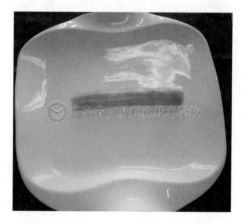

（6）将蛋皮进行卷制，去掉两头多余的鱼胶。

（7）用保鲜膜将鱼胶卷充分包裹起来定形，放入蒸锅中蒸制成熟。

（8）根据作品的需求将鱼胶卷进行加工。

小贴士：

成品特色为表皮金黄，内馅翠绿，质地软韧、有弹性，味道清新爽口。

指点迷津：

（1）剁猪肉和鱼肉时，要尽可能剁得细腻一些，在搅打的过程中可以加入少量的盐和水增加原料的劲道。

（2）在卷制的过程中要尽量扎实一些，取出溢出来的肉，用保鲜膜包裹的时候也要尽量紧一些。

冷拼大视野　冷拼原料作品赏析

赏析一：蛋松

原料：鸡蛋、味精、盐、色拉油。

制作方法：

（1）将鸡蛋打入碗中搅拌均匀，加盐、味精。

（2）锅内注油烧热，将鸡蛋液慢慢倒入锅内，边倒边搅，炸至黄色捞出，用手将鸡蛋撕开装盘即可。

赏析二：肉松

原料：牛肉（或猪肉）、盐、味精、白糖、花椒、大料、桂皮、料酒、姜、葱。

制作方法：

（1）将肉切成大块、焯水。

（2）锅中加水放入肉，加调料煮熟，撇去浮油，收浓汤汁至将干时出锅，撕成条丝状，在锅中加少许油，炒干肉丝水分，边炒边揉成絮状。

赏析三：菜松

原料：菠菜叶、色拉油、盐、味精、香油。

制作方法：

（1）将菠菜叶切成0.2cm的细丝。

（2）锅内加油烧至四成熟时，放入菜丝炸至酥脆，沥干油加调料即可。

赏析四：虾糕

原料：虾仁、鸡蛋清、盐、味精、湿淀粉、猪肥膘。

制作方法：

（1）将虾仁、猪肥膘分别捶成细泥。

（2）用清水将虾泥水解成糊状，加入盐、猪肥膘泥、鸡蛋清、湿淀粉、味精拌匀，平摊于盘，厚度1.5cm，上笼蒸熟。

赏析五：蛋卷

原料：鸡蛋皮2张、猪肉泥、湿淀粉、蛋清、盐、味精。

制作方法：

（1）在猪肉泥中加入调料搅拌成肉馅，取鸡蛋皮一张，抹上蛋清、湿淀粉，再抹上一层肉馅。

（2）在肉馅上抹上一层蛋清、湿淀粉，再盖上一张鸡蛋皮后，抹上蛋清、湿淀粉，卷成圆筒状，上笼蒸熟，晾凉切成片装盘即可。

赏析六：萝卜卷

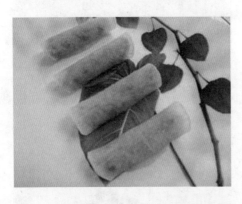

原料：白糖、白萝卜、胡萝卜、盐、醋。

制作方法：

（1）将白萝卜去皮，切成片。胡萝卜去皮，去掉黄心切成细丝，放在淡盐水中浸泡20分钟，用冷开水洗净并沥干水。

（2）把白萝卜片、胡萝卜丝放入白糖、醋调成的汁中浸泡至软入味。

（3）将白萝卜片平铺并放上胡萝卜丝，裹成卷，斜切成马蹄状装盘即可。

想一想：

我们生活中还有哪些造型或制作方法比较特别的冷拼原料？

一般原料实例

师傅指路：

　　冷菜常作为第一道菜入席，很讲究装盘工艺，它的形、色、味在一定程度上会影响人们对整桌菜肴的评价。特别是一些图案装饰冷拼，以其具有欣赏价值的华彩，使人心旷神怡、兴趣盎然，不仅能引诱食欲，对于活跃宴会气氛也起着锦上添花的作用。

一、凉拌黄瓜

原料：黄瓜、香油、酱油、米醋、蒜末、盐。

制作方法：

（1）黄瓜洗净，从中间一剖为二，用刀拍松，斜切成寸段，装盘撒蒜末。

（2）将香油、酱油、米醋、盐调成汁，淋在黄瓜上即可。现吃现做，不可存放。

二、红油肚丝

原料：牛肚、盐、蒜末、白糖、红油、味精、葱、姜、料酒。

制作方法：

（1）牛肚洗净入汤锅，加入葱、姜、料酒，煮2小时后捞出，切成丝。

（2）加盐、蒜末、白糖、红油、味精拌匀，装盘即可。

制作关键：掌握好煮牛肚的火候。

三、白灼基围虾

原料：基围虾、色拉油、盐、糖、蒜籽、生抽、葱白、姜、白酒。

制作方法：

（1）将鲜虾放入清水中静养 30～60 分钟。

（2）剪去虾须、虾枪和虾脚，用流动清水冲洗多遍，沥干备用。

（3）用白酒、姜和葱白去除虾的腥味，姜改刀成片，葱改刀成段。

（4）在锅中加入冷水，放入葱、姜，倒入白酒，煮沸后放入鲜虾。

（5）再次煮沸约半分钟（根据虾的数量调节时间），之后用漏勺将虾捞起。

（6）投入干净的冰水中可使虾肉更加紧实。

（7）调味汁：将蒜籽、姜改刀成末，锅内加入少许油，倒入蒜末和姜末翻炒，加入少许生抽、盐以及糖进行加热，待盐、糖溶解后即可关火备用。

四、甜酸萝卜肉

原料：白萝卜、盐、白糖、白醋、味精、芝麻油。

制作方法：

（1）白萝卜去外皮及根蒂，洗净、切片。

（2）白萝卜片用盐腌渍后，挤去水分装入盘中，放入白糖、白醋、味精、芝麻油浸渍入味即成。

制作关键：白萝卜片用盐腌渍后要先洗去盐分。

五、盐水虾

原料：新鲜大河虾、葱、姜、味精、黄酒、花椒。

制作方法：

（1）把河虾去须，洗净。

（2）烧热锅，放入适量的清水，然后放入上述调料，待水烧开后，将虾放入锅中，撇去浮沫，煮熟后 2 分钟连汤一起离火，将虾捞出装入盛器，冷却后即可。

制作关键：掌握煮虾的火候及对汤汁的调味。

六、酱牛肉

原料：牛肉、盐、料酒、白糖、大料、桂皮、花椒、小茴香、葱段、姜块、糖色、酱油。

制作方法：

（1）牛肉切成大块，加盐腌渍后，入沸水中焯透血水。

（2）牛肉块放入汤锅加入调料和香料包，烧沸后撇去浮沫，调好汤后入微火煮至熟烂，汁浓出锅，牛肉块晾凉后切片，淋少许酱油装盘。

制作关键：

（1）牛肉要先腌渍再酱制。

（2）酱制时间不少于 3 个小时。

七、卤猪耳

原料：猪耳、茴香、桂皮、葱、姜、酱油、白糖、细盐、黄酒、麻油、味精。

制作方法：

（1）先将猪耳浸泡在 40℃ 左右的温水中，使猪耳的毛孔涨大，拔净毛。

（2）将猪耳放入金属网上两面翻烤，去掉残毛，注意不要烤焦烤煳。

（3）将猪耳放入水中用刷子刷洗，再入锅煮 20 分钟后捞起。

（4）将猪耳放入上述调料配制的卤水中煮 1 个小时左右，捞出后将 3~4 只猪耳重叠，放入盛器，再用一只盛器盖住，用清洁砧板压紧，放进冰箱，过 4 个小时左右即可。

八、琥珀核桃

原料：核桃仁、白糖、生油、细盐。

制作方法：

（1）核桃仁放入盛器内，加细盐，加入热水浸泡一下，剥去内皮后用开水烫一烫。

（2）取出干净的锅放白糖和清水（糖和水的比例为 1:1），用文火将糖融化，放入核桃仁，当糖均匀地覆盖在核桃仁上并有亮光时捞出。

（3）在干净的锅中放入生油并烧至三四成热时，放入核桃仁，炸至呈琥珀色，捞出沥干油，放在通风处，冷却后装碟即可。

九、跳水小牛肉

原料：牛腱、西生菜、盐、葱、姜、芝麻、高汤、辣鲜露、生抽、花椒油、蒜蓉、红油。

制作方法：

（1）将牛腱放入锅中，加盐、葱、姜约煮1个小时。

（2）将牛腱捞出切薄片，碗中垫西生菜，上面放上切好的牛腱。

（3）将高汤、辣鲜露、生抽、花椒油、蒜蓉调汁浇入，最后淋红油和芝麻即可。

十、桂花莲藕

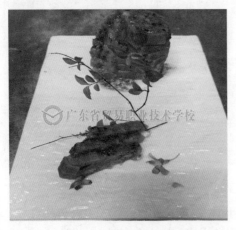

原料：莲藕、糯米、桂花酱、糖。

制作方法：

（1）将莲藕去皮，切开后塞入糯米。

（2）将莲藕放入高压锅，加入糖水，压制40～60分钟。

（3）将莲藕切片装盘，淋上桂花酱即可。

十一、新派素烧鹅

原料：豆腐衣、金针菇、杏鲍菇、红肠、生抽、XO酱、辣酱油。

制作方法：

（1）将豆腐衣、金针菇、杏鲍菇、红肠切丝，焯水后加生抽、XO酱、辣酱油爆炒。

（2）豆腐衣卷入。

（3）切段装盘。

十二、生炝碧绿丝

原料：西芹、香菜、红肉椒、美极鲜、味精、黑糯米香醋、香油。

制作方法：

（1）西芹、红肉椒切丝，放入冰水中浸泡20分钟。

（2）捞出后调汁淋入，加香菜即可。

十三、巧手时蔬包

原料：越南春卷皮、虾仁、马蹄、甜豆、盐、味精、糖、葱油、生粉、葱。

制作方法：

（1）虾仁（加盐、生粉）、马蹄切丁与甜豆一起焯水，加入盐、味精、糖、葱油调味。

（2）越南春卷皮入 $60℃ \sim 80℃$ 的水中泡软，将虾仁、马蹄、甜豆卷入，并用葱丝系好接口。

（3）装盘即可。

想一想：

（1）生活中常见的冷菜有什么共同点？

（2）谈一谈你所认识的冷菜。

知识拓展 冷拼的特点

冷拼在烹饪中占有重要的地位，它具有独特的风格，被称为"主体的画，无言的诗"。冷拼制作与热菜制作有所不同，它有着自己独特的技艺。其特点如下：

一、冷拼制作原料的特点

冷拼制作所用的原料要根据菜肴的需要精心挑选，为烹制美味佳肴提供条件。根据每道菜的具体情况，选择时令原料及原料适合的部位非常重要。选料时，要根据造型图案的自然色调，尽量运用原料的本色，如造型图案需要红色，则可选用卤猪心、火腿、红辣椒等。运用原料的本色美化菜肴的造型，更可体现其形态的优美和真实感。

二、冷拼制作配色的特点

冷拼制作配色是为美化菜肴服务的，应以色调和谐、增进食欲、富于营养为原则，在总体构思的范围内，视图案的内容和不同菜肴的具体情况，正确运用色彩。色彩运用得好，不仅能使菜肴更美观，而且能突出造型构思的精巧，更加鲜明、准确地表达艺术形象，使之具有更强的感染力、更高的艺术性。如果违反食物的本来面目进行人为的艺术加工，搞五颜六色的堆砌，就会弄巧成拙。

三、冷拼制作风味的特点

冷拼和热菜都要突出"香"。不同的是，热菜的"香"一进口立即能感觉到；冷拼的"香"进口以后要慢慢品尝才能逐渐感觉到，一般见味透肌里，越嚼越香，食后唇齿留香。冷拼使用的原料应根据季节的变化和宾客的爱好选用不同的味型，常用的味型有糖醋、咖喱、咸鲜、五香、麻辣、蒜香、椒盐等。

四、冷拼制作刀工的特点

冷拼造型一般是原料烹制成熟后，切配装盘上桌，在整齐、美观方面比切生料要求更高，而且比切生料的难度更大，因为原料经熟制加工后比较酥软，不易切出美观的形态。因此，要根据熟料的不同性质，灵活处理。成形原料的厚薄、粗细、长短均要求一致。冷拼制作技艺是与刀工紧密配合的，无论什么款式的拼盘，都必须根据所用原料的固有形态，按照图形的需要，按用量计算好尺寸，边切边摆，切摆结合，不能全部切好才拼摆，以免原料干缩变形，难以摆得贴切。

五、冷拼制作烹调的特点

冷拼在烹调上具有以下特点：绝大部分冷拼不挂糊上浆，不勾芡；有些冷拼只调不烹；冷拼还具有香嫩、无汁、不腻的特点。冷拼的烹制方法有热制冷吃和冷制冷吃两种，大多是烹调后切配，可以大批量制作，多次使用。常用的烹制方法有：拌、炝、腌、醉、炒、泡、盐水煮、卤、酱、冻、蒸等。

六、冷拼制作装盘的特点

冷拼装盘时要考虑口味之间的配合，尤其是花色拼盘、什锦拼盘，要注意将味浓的和味淡的、汁多的和汁少的分开，以免串味。要考虑冷拼与盛器之间的配合，盛器的色彩和冷拼的颜色要协调一致，如盐水鸭，用洁白的盘装和用有花边图案的盘装，给人的感觉是不一样的，前者显得单调，后者较为悦目。

七、冷拼制作食用卫生的特点

冷拼的品种繁多，原料有荤有素，有生有熟。在切配装盘过程中，工序繁多，可以直接供食用，也可以作为柜台、橱窗的陈列品，展示菜肴的精巧艺术。有时为了点缀和衬托菜肴，常用各种生料雕刻作装饰。为此，操作前要洗手，工具、用具、抹布要消毒，拼摆用的砧板、刀具要专用，防止细菌污染。各种颜色、质地的原料，要分别妥善保管。拼摆好的成品要放入冷藏柜，不要接近生料。

模块二自我测验题

一、判断题

（　　）1. 凉菜操作人员在短时间出凉菜操作
专间可以不用脱去专间工作服。

（　　）2. 除饮水杯外，凉菜操作人员的其他
任何个人物品均不能带入凉菜操作
专间。

（　　）3. 凉菜操作专间和裱花间、备餐间、
盒饭分装间一样，是餐饮服务单位
中清洁程度要求最高的场所，因此
个人卫生方面也应该做到最严格。

（　　）4. 用作拼盘和鲜榨果汁的蔬菜和水果，在送入专间前清洗干净就可以了。

（　　）5. 在加工制作凉菜前，操作人员应认真检查待加工食品，发现有腐败变质或
其他感官性状异常的，不得进行加工。

二、单项选择题

1. 在制作以鸟类为题材的冷拼造型时，应按"（　　）"的基本原则进行拼摆。
   A. 先尾后身　　　　B. 先身后尾　　　　C. 先尾后头　　　　D. 先头后身

2. 冷拼拼摆时，一般采用（　　）的颜色搭配，突出主题。
   A. 对比强烈　　　　B. 相同色　　　　　C. 相近色　　　　　D. 略有色差

3. 平面式花色冷拼，刀工整齐，线条明快，（　　），可食性强，可单独上席。
   A. 色彩多样　　　　B. 色彩鲜艳　　　　C. 色彩协调　　　　D. 色彩美观

4. 花色冷拼在服务形式上常置于筵席的中间，故称（　　）。
   A. 主盘　　　　　　B. 看盘　　　　　　C. 冷盘　　　　　　D. 食用盘

5. 点缀品的摆放式样要与冷拼的（　　）相吻合。
   A. 色彩　　　　　　B. 线条　　　　　　C. 规格　　　　　　D. 价值

模块 
花色冷拼造型实例

师傅教路： 冷拼通过美观艺术的造型，把宴席的主题充分体现出来，远比其他菜品表达得更直接、更具体。花色冷拼大多用于宴会、筵席。在制作上，冷拼的技术性和艺术性都较高，无论刀工还是配色都必须事先考虑周到，才能得到形象逼真、色彩动人的艺术效果。根据表现形式的不同，花色冷拼的基本表现形式一般可分为"平面型""卧式型"和"立体型"三大类。花色冷拼，也称象形拼盘、工艺冷盘等，是在创作者精心构思的基础上，运用精湛的刀工及艺术手法，将多种原料在盘中拼摆成飞禽走兽、花鸟虫鱼等各种平面的、立体的或半立体的图案的一种烹饪手段。其造型包括动物类、植物类、山水类、人物类和扇类等，内容非常广泛。

一般拼盘造型实例

单色拼盘

师傅指路：

单色拼盘也称单盘、独碟，是以一种可食的冷菜为主拼摆出的冷拼，但不是把冷菜原料简单地堆放在一起，而是要运用过硬的刀工技术和熟练的装盘手法，把冷菜原料加工成一定的形状，摆成一定的形式，讲究整齐美观、堆摆得体、量少而精。如两头低中间高的"桥形"，两边低中间高的"三叠水"，像圆馒头形状的"半圆球形"，像一本书似的"一封书"及"风车灯"等形状。单色拼盘通常不单独使用，如"四单碟"，一般指四个七寸碟盛装三荤一素或二荤二素的熟料，色味有别，造型各异；"九七寸"，用九个七寸碟子盛装不同风格的冷菜，式样各异，形色美观，荤素皆备；"十二围碟"是用十二个七寸碟子分别盛装水果及荤素冷菜。这种传统的拼摆方式，讲究适令时鲜，组配恰当，美观怡人。

圆形单色拼盘

一、原料及工具介绍

原料	工具
黄瓜（2条）	桑刀
	砧板
	镊子

二、工艺制作流程

黄瓜切片 → 垫底 → 盖面 → 整形

三、工艺制作过程

（1）选用两条本地黄瓜，原料尽可能细直一些，如果原料过粗过大，内部的瓜瓤过多，会加大拼盘的难度，影响拼盘整体美观。

（2）将黄瓜切成段，各段的上下均需要保持整齐均匀，如果是接近瓜尾的部分，瓜瓤的部分可以去掉一些。

（3）将黄瓜切片，黄瓜片应整齐均匀且不宜过厚，片大一些可以方便垫底时的操作。

（4）垫底的大小应该占据整个盘子的2/3，不宜过大或过小，垫出的底面必须是正圆形，且具有一定的高度。

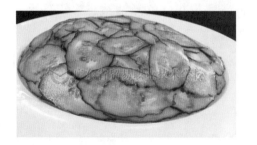

（5）垫出的底面由高到低，由中间向周围呈现出一定的弧线形，保证每一个面都没有明显的下陷情况。

（6）将修好的黄瓜段切片拼摆。

（7）在拼摆的过程中，注意刀和手的配合，片的顶部间隔较小，尾部间隔较大，拼摆出扇形的基本形状。

（8）将拼摆好的扇面摆放到盘中，注意将盖面的尾部对准垫底部位的外围，也就是垫到哪里就盖到哪里。

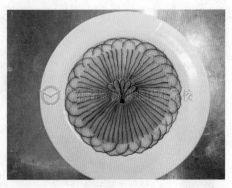

（9）用扇形盖面围成一圈之后，可将黄瓜切片进行围边装饰，中间用凤尾花刀进行点缀。

小贴士：
　　成品特色为外形美观，高度饱满，色泽清爽，刀工均匀。

馒头形单色拼盘

一、原料及工具介绍

原料	工具
黄瓜（2 条）	桑刀
盐	砧板
	镊子

二、工艺制作流程

刀工处理（连刀片跳切）→ 拼摆 → 垫底 → 拼摆 → 整形

三、工艺制作过程

（1）选用形状较直且不过于粗大的黄瓜，否则瓜瓤较多会增加操作的难度。

（2）使用连刀片跳切且不将黄瓜切断，尽量不破坏整条黄瓜的完整度。

（3）用盐水将加工好的黄瓜进行腌制。

（4）腌制后的黄瓜，用刀面轻轻拍打，使其呈现出自然的弧度和纹理。

（5）根据圆盘的内径，将黄瓜进行拼摆。

（6）将黄瓜拼摆成一个圆形，中间的位置用碎料进行垫底。

（7）按照第一层的方法拼摆出第二层以及第三层。

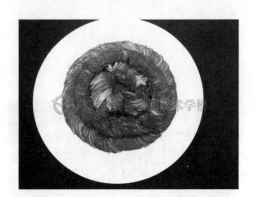

（8）拼摆后的成品进行简单的整形。

小贴士：

　　成品特色为拼摆简单，色泽艳丽和谐，形象美观大方，质朴素雅，饱满清爽。

想一想：

以上两种单色拼盘形式的区别有哪些？

双色拼盘

师傅指路：

　　双色拼盘又称两拼、对拼，是把两种不同色泽、不同质地的冷菜原料拼装在一个盘内的冷拼。其特点是色彩分明、装盘整齐、线条清晰，给人一种整体美。

白萝卜黄瓜双色拼盘

一、原料及工具介绍

原料	工具
白萝卜（1 条）	桑刀
黄瓜（1 条）	砧板
	镊子

二、工艺制作流程

切片（切丝）→ 垫底 → 切片 → 盖面 → 垫底 → 盖面 → 整形

三、工艺制作过程

（1）选用形状较为规整的原料。

（2）将白萝卜切出厚约 1cm、长约 5cm、宽约 2cm 的厚片，加工成图中的不规则形状。

（3）将修好的白萝卜厚片置于盘子中间，作为隔断（由于双色拼盘一般为荤素两种原料，其隔断遵循的原则为生熟分开）。

（4）将白萝卜切成薄片垫底（注意：在课程中为训练学生的刀工基本技巧，可以要求学生将白萝卜切成丝）。

（5）将白萝卜丝垫在盘子的底部，不要超过盘子的内径，且具有一定的高度。

（6）将黄瓜和白萝卜进行刀工处理，加工成长约5cm的段。

（7）将白萝卜用拉刀切成片，不要改变其最初的整块形态。

（8）一手捏住白萝卜片一头，另一只手抓住桑刀，用刀面将原料拍散，使其呈现出扇形。

（9）将整理好的扇面覆盖在垫底的原料之上，尾部不要超出盘子的内径。

（10）将白萝卜加工成梯形，切片摆成扇面。

（11）将摆好的扇面置于第一层盖面之上。

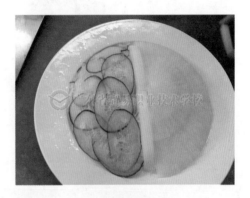

（12）另一半用黄瓜片垫底。

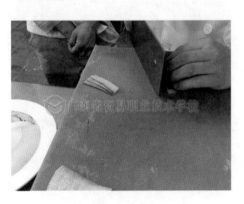

（13）将黄瓜切片拼摆成扇面。

（14）将摆好的扇面摆在垫底的原料之上。

（15）将黄瓜斜刀切，改成梯形。

（16）切片之后摆成扇面。

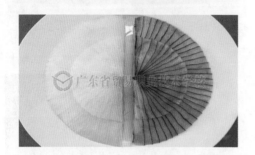

（17）将扇面摆在第一层黄瓜之上。

（18）将中间的隔断去除，拼摆之后的双色拼盘，具有一定高度，且形态较为饱满。

小贴士：

　　成品特色为外形美观，层次分明，高度饱满，色泽清爽，刀工均匀整齐。

想一想：

双色拼盘在制作时需要注意哪些问题？

指点迷津：

（1）原则上要求双色拼盘的原料为一荤一素。

（2）尽可能使用片来垫底，为了锻炼学生的刀工基本技巧可以使用丝来垫底。

（3）双色拼盘两边的大小要保持一致，高度也要保持一致。片的厚度以及大小也要保持一致。盖面和垫底均不要超出盘子内径。

三色拼盘

师傅指路：

　　三色拼盘是把三种不同的冷拼原料拼装在一个盘中。其技术程度比双色拼盘更复杂一些，其拼盘的原料一般为两素一荤，形状以圆形为主。

胡萝卜、黄瓜、白萝卜三色拼盘

一、原料及工具介绍

原料	工具
黄瓜（1 条）	桑刀
胡萝卜（1 条）	砧板
白萝卜（1 条）	镊子

二、工艺制作流程

切片（切丝）→ 垫底 → 切片 → 盖面 → 垫底 → 盖面 → 整形

三、工艺制作过程

（1）选择形状比较规整的原料。

（2）将黄瓜改刀成三片隔断。

（3）将胡萝卜改刀成圆柱形。

（4）将胡萝卜置于盘子的中心点，用黄瓜作隔断，将盘子三等分。

（5）将三种原料改刀成整齐的段，并且将剩余的原料改刀成片。

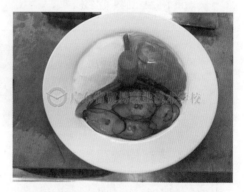

（6）分别用三种原料进行垫底，注意每种原料垫底的高度。

（7）将三种原料加工成厚块，用于第一层盖面的原料比第二层的原料稍微厚一些。

（8）用手捏住原料的顶部，用刀面轻轻拍成扇面的形状。

（9）将拍好的盖面覆盖在垫底的原料之上，且必须遵循垫底原料与盖面原料相同的原则。

（10）用同样的方法覆盖上第二层盖面。

（11）按照同样的方法，将黄瓜以及胡萝卜部分制作完成。

（12）将中间的胡萝卜和用来隔断的黄瓜抽掉，抽掉之后再进行稍稍的修改，使其"三圆一心"。

（13）成品应具有一定饱满度，且间隔整齐，三种原料大小一致，刀工均匀。

小贴士：

　　成品特色为造型饱满，层次分明，刀工一致。

想一想：

　　在制作三色拼盘时应该注意哪些细节？

指点迷津：

　　（1）在制作三色拼盘时要遵循"三圆一心"的原则，三种原料的长短以及大小要保持一致。

　　（2）在垫底时要保持底面弧度一致。

　　（3）原则上三色拼盘是要两素一荤，盖面用什么原料，垫底就要用什么原料。垫底和盖面均不要超过盘子的内径。

说一说：

　　1. 制作单色拼盘、双色拼盘以及三色拼盘时应该遵循哪些原则？

　　2. 单色拼盘、双色拼盘以及三色拼盘的区别和共同点是什么？

　　3. 总结经验，讲一讲如何创新一般拼盘。

冷拼大视野　单色拼盘作品赏析

赏析一：自然形

原料：胡萝卜丝。

制作方法：将胡萝卜丝蒸熟，码成自然形状即可。

特点：刀工娴熟，粗细均匀，形状自然。

赏析二：长方形

原料：水晶肴肉。

制作方法：水晶肴肉切成长方片在盘内码成长方形即可。

特点：整齐均匀，形态美观。

赏析三：柴垛形

原料：鱼条、面粉。

制作方法：鱼条切丝拍粉后炸至金黄色，在盘内摆堆成柴垛形即可。

特点：原料一致，形态美观。

指点迷津：

（1）原则上是要用片垫底，由于开课时间不长，为了锻炼学生的刀工，可以先要求学生将垫底的原料切成丝，然后再垫底。

（2）单色拼盘的形状主要以圆形为主，垫底和盖面使用的原料均不要超出圆盘的内径。

什锦拼盘造型实例

扇形单色拼盘

一、原料及工具介绍

原料	工具
黄瓜（1条）	桑刀
心里美（1个）	砧板
胡萝卜（1条）	镊子
白萝卜（1条）	
南瓜（适量）	

二、工艺制作流程

切片（切丝）→ 垫底 → 切片 → 盖面 → 整形

三、工艺制作过程

（1）选择形状比较规整的原料。

（2）将白萝卜切丝垫底，摆成拱形。

（3）将原料修成厚片（黄瓜切半）备用。

（4）将各种原料切片摆成扇形。

（5）摆完第一层盖面之后，将心里美切片进行叠摆。

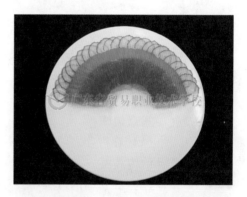

（6）将黄瓜对切，然后切成片，摆放在胡萝卜的上方进行点缀。

（7）将南瓜改刀成正方条，摆成扇骨。

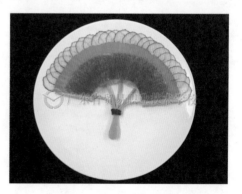

（8）最后修改扇把，并用南瓜片将底部的白萝卜丝进行掩盖处理。

小贴士：

成品特色为色泽艳丽，造型饱满，层次分明，刀工一致。

想一想：

除此以外还有哪些类型的扇子可以进行创意拼摆？

指点迷津：

（1）在拼摆之前最好使用一些原料对作品进行垫底，这样可以增加整个作品的饱满度。

（2）在拼摆的过程中要注意原料间的间距，遵循上宽下窄的原则，排列成扇形。

冷拼大视野　什锦拼盘作品赏析

赏析一：八角形什锦拼盘

原料：拌三丝（海蜇、莴苣、鸡丝）、西式火腿、酱牛肉、黄蛋糕、灰色鱼糕、酸辣黄瓜、盐水虾仁、盐水蒜薹。

制作方法：

（1）将拌三丝在盘底垫底呈正方形。

（2）再将西式火腿、酱牛肉、黄蛋糕、灰色鱼糕、酸辣黄瓜，分别切成长4cm、宽2cm、厚0.2cm的长方块，并将其拼摆成等腰三角形。

（3）用刀将盐水虾仁、盐水蒜薹改刀围边。

赏析二：花朵形什锦拼盘

原料：盐水胡萝卜、虾糕、大根、琼脂膏、盐水莴笋、盐水黄瓜。

制作方法：

（1）先将虾糕改刀成菱形段，围摆成花朵的形状。

（2）将盐水胡萝卜、大根及琼脂膏改刀围摆成假山的形状。

（3）盐水黄瓜改刀成树叶的形状，盐水莴笋改刀为树枝，进行围摆即可。

想一想:

什锦拼盘与一般拼盘的区别和相似点有哪些?

做一做:

1. 掌握什锦拼盘的制作方法。
2. 如何在什锦拼盘的制作基础上进行创新?

植物拼盘造型实例

师傅指路:

植物是生命的主要形态之一,包含了如树木、灌木、藤类、青草、蕨类及地衣等为人们所熟悉的生物,据估计现存有 350 000 个物种。绿色植物大部分的能源是经由光合作用从阳光中得到的,温度、湿度、光线是植物生存的基本需求。

兰花花色拼盘

一、原料及工具介绍

原料	工具
黄瓜(1 条)	桑刀
胡萝卜(1 条)	砧板
南瓜(适量)	镊子
心里美(1 个)	毛巾
盐(适量)	

二、工艺制作流程

切片 → 成型 → 拼摆 → 盖面 → 整形

三、工艺制作过程

(1)选择形状较为规整的原料。

(2)将原料修形后放入少许盐进行腌制。

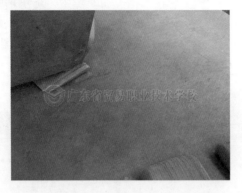

（3）将腌制好的胡萝卜进行拉刀处理。

（4）取出其中一部分的胡萝卜，用手捏摆成花瓣的形状。

（5）将捏好的花瓣摆放在盘子当中，在摆放的时候要注意一定的弧度。

（6）按照同样的方法，将其余的三片花瓣捏好后摆放在盘子当中，花瓣分别为两两对称，并自然弯曲。

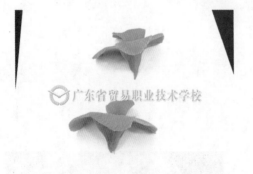

（7）为了增加整个作品的饱满度，可以制作2~3朵花朵，上下摆放，增加层次感。

（8）将黄瓜平劈成厚片，加工成茎及枝叶的形状。

（9）在拼摆完成之后，可以根据个人的喜好以及作品的要求，将原料进行点缀或者整理。在空缺的部分点缀果酱画或者鲜花都可以起到画龙点睛的作用。

小贴士：
　　成品特色为色泽艳丽和谐，形象美观大方，刀工细腻，花朵立体，真实感强。

牡丹花色拼盘

一、原料及工具介绍

原料	工具
胡萝卜（1条）	桑刀
南瓜（少许）	砧板
心里美（1个）	镊子
盐（适量）	毛巾

二、工艺制作流程

修形 → 切片 → 造型 → 拼摆 → 点缀 → 整形

三、工艺制作过程

（1）选择形状比较规整的原料。

（2）将原料修形之后用盐进行腌制。

（3）在不破坏原料整体形态的情况下，将原料拉刀成片。

（4）取出其中一部分原料，用手捏制成带有弧度的扇面形态。

（5）牡丹花的花瓣为五片，运用同样的手法，将第一层的五片花瓣捏制出来进行摆放。

（6）第二层的花瓣比第一层的略小，在叠摆的过程中要注意应放置在第一层两片花瓣的中间，且花瓣具有一定的弧度。

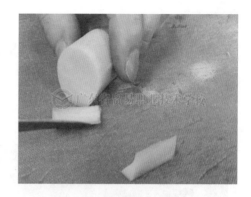

（7）在放置第三层的花瓣时要注意花瓣的大小，由于空间较小可以使用其他辅助工具。

（8）将南瓜修成圆柱形。

（9）利用横纵刀法，将原料修成花心的形状。

（10）将花心置于花瓣内部，并对花瓣进行整形处理。

（11）在做完花的部分之后，可以用心里美的表皮雕刻出枝干以及叶子进行装饰。

小贴士：

　　成品特色为色泽艳丽和谐，形象美观大方，刀工细腻，花朵立体，真实感强。

玫瑰花色拼盘

一、原料及工具介绍

原料	工具
心里美（1个）	桑刀
胡萝卜（1条）	砧板
青萝卜（1条）	镊子
琼脂膏（适量）	

二、工艺制作流程

切片 → 拼摆 → 盖面 → 整形

三、工艺制作过程

（1）将心里美改刀成为半圆块，用盐水进行腌制。

（2）将腌制好的心里美改刀成片，然后卷曲，由花心的部分向外拼摆，注意层次。

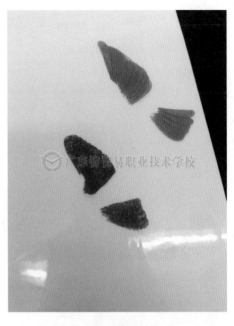

（3）用褐色的琼脂膏雕刻成屋脊的形状进行装饰，可以用心里美的表皮雕刻成叶子和枝干。

（4）将心里美、胡萝卜以及青萝卜加工成长水滴形，改刀成片之后再拼摆成蝴蝶翅膀的形状。

（5）雕刻出肢体，将切好的片进行翅膀部分的叠摆，放置于玫瑰花周边进行装饰。

（6）作品完成图。

小贴士：

　　成品特色为拼摆简单，色泽艳丽和谐，形象美观大方，形态逼真。

想一想：

　　三种花卉除了外形不同之外，在制作工艺以及难度上有什么相似和不同的地方？

指点迷津：

（1）花卉造型拼盘多为半立体和立体的形式。

（2）在选择原料时，尽可能选择含水量较少的原料。

（3）在叠摆花瓣的时候，要注意弧度的改变，不要过于生硬。

（4）在叠摆花瓣时，最底端的原料可借助午餐肉、土豆泥等原料支撑。

南瓜花色拼盘

一、原料及工具介绍

原料	工具
南瓜（适量）	桑刀
黄瓜（1条）	砧板
果酱（适量）	雕刻刀

二、工艺制作流程

切片 → 垫底 → 拉丝 → 盖面 → 装饰 → 整形

三、工艺制作过程

（1）选择形状较为规整的原料，南瓜尽量选择实心的部分，先改刀成片。

（2）将南瓜片的两头修成薄片。

（3）将改刀好的原料拉刀成细丝。

（4）取出其中的一段原料覆盖在垫底原料的表面。注意只需要覆盖澄面凸起的部分即可。

（5）可利用其他颜色的原料进行叠摆，形成色差，使作品的色彩更为丰富，层次更为鲜明。

（6）也可以直接用同一种颜色的原料进行叠摆，用黄瓜皮制作南瓜的叶子，用雕刻刀修出叶脉，进行围边装饰。

（7）可以在盘子的边缘用果酱画出
盘饰进行点缀。

（8）作品完成图。

小贴士：

　　成品特色为色泽艳丽和谐，形象美观大方，果酱画生动
有趣，形态逼真，立体感较强。

想一想：

1. 制作南瓜时的重难点有哪些？
2. 薄片在拉刀时需要注意些什么问题？

竹笋花色拼盘

一、原料及工具介绍

原料	工具
黄瓜（1 条）	桑刀
胡萝卜（1 条）	砧板
南瓜（适量）	镊子
心里美（1 个）	

二、工艺制作流程

切片 → 垫底 → 拉丝 → 盖面 → 整形

三、工艺制作过程

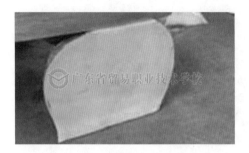

（1）将南瓜等原料改刀成厚片。

（2）对片状的原料两头进行加工，修薄。

（3）将改好的原料进行拉刀处理。

（4）将加工成丝的片状原料，改刀成三角形覆盖在垫底原料的表面。

（5）将黄瓜和胡萝卜改刀成片叠摆成假山的形态，在盘子的边缘可以用果酱画出熊猫的形态进行装饰。

小贴士：

　　成品特色为拼摆简单，色泽艳丽和谐，形象美观大方，逼真且立体感强。

荷叶花色拼盘

一、原料及工具介绍

原料	工具
黄瓜（2 条）	桑刀
胡萝卜（1 条）	砧板
心里美（1 个）	镊子
果酱（适量）	
白萝卜（1 条）	

二、工艺制作流程

切片 → 垫底 → 盖面 → 整形

三、工艺制作过程

（1）将黄瓜加工成三角块，胡萝卜和心里美加工成短水滴形，白萝卜修成长方块备用。

（2）把烫好的澄面捏成半立体的荷叶形态。

（3）将黄瓜改刀成片，用镊子夹片在澄面背面贴摆出扇面。

（4）摆完之后将其立放于盘子之上，由于黄瓜具有一定的水分，所以不用其他粘贴材料辅助。

（5）在荷叶的正面同样使用黄瓜片
进行叠摆。

（6）将心里美加工成片，可以略微
厚一些，摆出荷花的形态。

（7）将胡萝卜修成金鱼的肢体、鱼
鳍以及鱼尾的形状，进行拼摆。

（8）用果酱点出鱼的眼睛。

（9）用黄瓜改刀成荷花以及荷叶的
枝干。

（10）也可以用果酱绘制其他动物
进行装饰。

（11）荷叶的部分也可以使用不同
颜色的材料进行搭配，以丰富作品
整体的色泽和层次感。

小贴士：

　　成品特色为色泽艳丽和谐，形象美观大方，质朴素雅。

想一想：

　　荷叶在拼摆的过程中应该注意哪些重点？在实践过程中的难点又是哪些？对其应如何进行创新？

指点迷津：

　　（1）荷叶的造型多为平面，在捏制半立体荷叶底坯时，要注意弧度的变化。

　　（2）半立体荷叶在叠摆盖面的时候要注意平面与立体之间的弧度以及高度的变化，如果是使用多种原料进行拼摆，尽可能不要在这个时候选择更换原料。

　　（3）为了防止半立体荷叶漏出底坯的原料，可以适当选用黄瓜切片摆成扇形遮挡。

冷拼大视野　植物拼盘作品赏析

赏析一：春笋冷拼

原料：肉松、酱牛肉、卤口条、鱼茸卷（绿色、白色）、盐水胡萝卜、盐水心里美、黄蛋糕、白蛋糕、酸辣莴苣、酸辣黄瓜、盐水黄瓜皮、拌鸡丝。

制作方法：

（1）在一只16寸圆盘中用拌鸡丝垫底砌成两个大小不同的笋初坯，然后分别将白蛋糕、酸辣莴苣、盐水胡萝卜、盐水心里美、盐水黄瓜皮切成长柳叶形，从上至下叠成笋的外形。

（2）将盐水黄瓜皮刻成竹子状点缀，假石用肉松堆砌成初坯，酱牛肉、卤口条、绿色鱼茸卷、白色鱼茸卷、黄蛋糕、酸辣黄瓜切成圆形片，上下排叠。

赏析二：梅竹图

原料：卤鸭丝、黄蛋糕、白蛋糕、西式火腿、盐水胡萝卜、琼脂膏、红椒、酸菜。

制作方法：

（1）卤鸭丝在盘内码成竹子的初坯。

（2）将黄蛋糕、西式火腿、盐水胡萝卜、白蛋糕切成长方形，分别从上到下排叠成竹子，然后将黄蛋糕切成小方片排叠成竹节状。

（3）琼脂膏、酸菜、红椒以及盐水胡萝卜做成梅枝与花。

赏析三：并蒂同心

原料：拌鸡丝、西兰花、熟火腿、熟鸡脯肉、番茄、萝卜卷、黄蛋糕、白蛋糕、葱油海蜇。

制作方法：

（1）拌鸡丝在盘内码成马蹄莲初坯。

（2）将白蛋糕切成长柳叶形，排叠成马蹄莲状。

（3）用熟鸡脯肉、熟火腿、番茄、萝卜卷、黄蛋糕、葱油海蜇分别做成形态各异的假石。

（4）用西兰花点缀即成。

赏析四：群芳争艳

原料：白蛋糕、心里美、琼脂膏、西兰花、盐水黄瓜、松花蛋、红油鹅脯、酸辣莴苣、水晶猪耳。

制作方法：

（1）将白蛋糕、心里美切成柳叶形，排叠成两朵牡丹花。

（2）用琼脂膏做柄。

（3）将盐水黄瓜修成青竹。

（4）酸辣莴苣、水晶猪耳、红油鹅脯、松花蛋切成圆形拼摆在盘内，用西兰花点缀即成。

赏析五：硕果

原料：拌鸡丝、心里美、黄蛋糕、白蛋糕、红曲里脊、盐水胡萝卜、鱼茸卷、拌西兰花、红肠、午餐肉、南瓜、白萝卜卷。

制作方法：

（1）拌鸡丝在盘内码成秋叶的初坯。

（2）将南瓜、黄蛋糕、红曲里脊分别切成长柳叶形，排叠成秋叶状。

（3）午餐肉碾碎垫底，盐水胡萝卜、南瓜、心里美切丝摆面。

（4）用鱼茸卷、拌西兰花、白萝卜卷、白蛋糕、红肠点缀即成。

做一做：

　　通过不同原料制作各种植物的花卉、枝干、叶子及果实，充分了解植物拼盘的做法，并结合自己的所学所知对作品进行创新。

虫鱼拼盘造型实例

师傅指路:

　　昆虫是动物界中节肢动物门昆虫纲的动物,是所有生物中种类及数量最多的一群,是世界上最繁盛的动物,至今已发现100多万种。其基本特点是:体躯三段头、胸、腹,两对翅膀三对足;一对触角头上生,骨骼包在体外部;一生形态多变化,遍布全球旺家族。昆虫的构造有异于脊椎动物,它们的身体

并没有内骨骼的支持,外裹一层由几丁质(chitin)构成的壳。这层壳会分节以利于运动,犹如骑士的甲胄。昆虫在生态圈中扮演着很重要的角色。虫媒花需要得到昆虫的帮助,才能传播花粉。而蜜蜂采集的蜂蜜,也是人们喜欢的食品之一。

　　我国古代就赋予金鱼以美好的想象和寄托。我国人民在过春节时,都喜欢养一些金鱼或是在年画上画一个大胖小子怀抱两条大金鱼,取意"人财两旺,年年有余"。"余"为"鱼"之谐音,象征着生活一年比一年好,吉庆有余。又如"金鱼满塘"与"金玉满堂"中"玉、堂"为"鱼、塘"的谐音,都是喜庆祝愿之词,表示富有。因此金鱼代表金玉满堂,年年有余,丰衣足食。

蝴蝶拼盘

一、原料及工具介绍

原料	工具
黄瓜(1条)	桑刀
胡萝卜(1条)	砧板
南瓜(适量)	镊子
心里美(1个)	
各色果酱	

二、工艺制作流程

修形 → 切片 → 垫底 → 盖面 → 整形

三、工艺制作过程

（1）将南瓜、心里美、胡萝卜加工成厚度为 1cm 的厚片，然后再改刀成短水滴形。

（2）加工好的原料用盐进行腌制，等 4~5 分钟之后再改刀成片。

（3）如果是半立体的蝴蝶造型，则使用烫后的澄面捏出蝴蝶的形态。如果是平面的蝴蝶造型，则四个翅膀均可平趴在盘子之上。

（4）将黄瓜对切后，再改刀成薄片，沿着澄面弧形的边角进行叠摆。

（5）将其他原料改刀成薄片之后再按照顺序一层一层的叠摆成翅膀。

（6）在叠摆完所有的翅膀之后，将四个翅膀进行拼摆。

（7）用澄面捏出蝴蝶的肢体，用黄
瓜片层层叠摆，修出蝴蝶的触角，
并进行装饰处理。

（8）用果酱点出花瓣的形状，用黄
色的果酱点出花蕊。

（9）用巧克力果酱画出花的枝干，
用绿色的果酱点出叶子，再使用巧
克力果酱画出叶脉。

（10）利用其他浅色的果酱画出枝
干前端花苞进行点缀。

（11）蝴蝶摆完之后可以利用果酱
进行装饰，填补盘子空缺的部分。

小贴士：

　　成品特色为色泽艳丽和谐，形象美观大方，造型逼真灵动，刀工细致且形态饱满。

指点迷津：

（1）蝴蝶在垫底的时候可以选择较为简单的短水滴形态。

（2）在拼叠翅膀的时候可以尽可能选择拉刀，这样可以缩减时间，刀纹也会更加细腻。

（3）蝴蝶每侧的翅膀都可以分为上下两块制作，如果原料颜色有限，下部分的颜色可以较上部分少一两种，这样可以起到区分的作用。

鱼类拼盘

一、原料及工具介绍

原料	工具
黄瓜（1条）	桑刀
胡萝卜（1条）	砧板
皮蛋肠（1条）	镊子
方腿（1条）	
烟熏肠（1条）	
火腿肠（1条）	

二、工艺制作流程

切片 → 垫底 → 盖面 → 整形

三、工艺制作过程

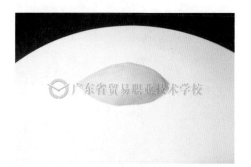

（1）先用澄面或者其他可塑性较强的原料整出鱼身的形状。

（2）用黄瓜切出柳叶形，垫在尾鳍的两边，然后用胡萝卜修出长水滴形依次排成 V 型。

（3）再将黄瓜切出柳叶形，垫在背鳍最前端，后面使用胡萝卜修出长水滴形依次排开（腹鳍的制作方法相同）。

（4）将火腿肠、胡萝卜、皮蛋肠、方腿等原料修成长水滴形，依次排列成鱼鳞。

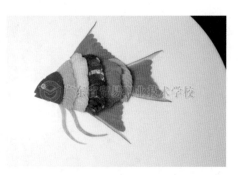

（5）用皮蛋肠切出细丝以及三角形，将三角形摆在鱼头的位置，两条细丝摆在鱼鳃部位作为鱼须。

（6）将烟熏肠、黄瓜以及胡萝卜分别切成圆片摆成假山，黄瓜皮改刀成水草装饰。

（7）作品完成图。

小贴士：

　　成品特色为拼摆简单，色泽艳丽和谐，形象美观大方，刀工精细，形态饱满。

指点迷津：

　　虫鱼拼盘造型多为半立体的形式，所以在拼摆之前最好是先进行垫底处理，这样可以体现出造型的饱满度。

冷拼大视野　虫鱼拼盘作品赏析

赏析一：金玉满堂

原料：各色琼脂膏、白蛋糕、盐水胡萝卜、葱油鸭丝、猪耳卷、盐水青萝卜、各色鱼茸卷。

制作方法：

（1）葱油鸭丝在盘内码成两条金鱼的初坯。

（2）将白蛋糕、盐水胡萝卜、鱼茸卷、琼脂膏切成鱼鳞状，分别排叠成鱼身、鱼尾。

（3）将盐水青萝卜拉刀切成薄片，摆成水草的形态。

（4）将鱼茸卷、猪耳卷、白蛋糕、盐水胡萝卜等原料切成片排叠成山石即可。

赏析二：蝶恋花

原料：拌鸡丝、黄瓜、盐水胡萝卜、黄蛋糕、盐水方腿、盐水莴苣、白蛋糕、白萝卜卷。

制作方法：

（1）拌鸡丝堆码成蝴蝶的初坯。

（2）将盐水胡萝卜、白蛋糕、黄瓜、黄蛋糕、盐水方腿、盐水莴苣等原料切成鸡心状，排叠出蝴蝶的大翅膀。另将黄蛋糕、盐水胡萝卜、白蛋糕、盐水莴苣切成鸡心状，排叠出蝴蝶的小翅膀。

（3）将盐水胡萝卜、黄瓜切成长方形片状，排叠卷入鸡丝做成蝴蝶身。

（4）用黄蛋糕、白萝卜卷、盐水方腿切片点缀成山石。

做一做：

1. 掌握蝴蝶的基本拼摆手法。

2. 掌握金鱼的基本拼摆手法。

3. 说出长水滴形和短水滴形的相似点与不同点。

4. 蝴蝶等昆虫类垫底需要注意哪些地方？在盖面的时候又需要注意什么？

5. 鱼类拼摆过程中需要注意哪些地方？在垫鱼鳞的时候又该注意些什么？

6. 尝试制作虫鱼类组合拼盘。

禽鸟拼盘造型实例

师傅指路：

　　鸟类种类很多，在脊椎动物中仅次于鱼类。至今为人所知的鸟类一共有9 000多种，光中国就记录有1 300多种，其中不乏中国特有鸟种。与其他陆生脊椎动物相比，鸟是一个拥有很多独特生理特点的种类。不同种类的鸟在体积、形状、颜色以及生活习性等方面，都存在着很大的差异。在自然界，鸟是所有脊椎动物中外形最美丽、声音最悦耳的一种动物，并深受人们的喜爱。从冰天雪地的两极，到炎热的沙漠；从波涛汹涌的海洋，到茂密的丛林；从寸草不生的荒野，到人烟稠密的城市几乎都有鸟类的踪迹。鸟是一种适应在空中飞行的高等脊椎动物，是由爬行动物的一支进化来的。

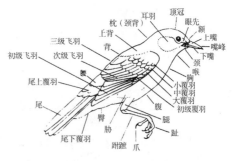

禽鸟拼盘

一、原料及工具介绍

原料	工具
胡萝卜（1条）	桑刀
心里美（1个）	砧板
南瓜（适量）	镊子
黄瓜（1条）	
青萝卜（1条）	
果酱（适量）	

二、工艺制作流程

切片 → 拉丝 → 垫底 → 盖面 → 雕刻 → 整形

三、工艺制作过程

（1）先将澄面捏成垫底的形态，在捏制的过程中要突出腹部、腿部及肌肉的线条。

（2）用南瓜雕刻出鸟嘴及鸟冠，根据雕刻出来的鸟头整理垫底原料的大小及线条。

（3）根据整理好的鸟身用胡萝卜雕刻出鸟爪。鸟的爪子比较细小，且容易断裂，雕完之后可以和鸟头一同放入清水中保湿。

（4）将心里美、胡萝卜及南瓜加工成薄片，并将薄片的两头斜切打薄，加盐腌制。

（5）将胡萝卜加工成长水滴形，改刀成薄片，拼成鸟尾的形状。

（6）将黄瓜切片留皮，用跳刀切成细丝，拼摆在鸟尾之上。

（7）将腌制好的南瓜、心里美以及胡萝卜拉刀成细丝，胡萝卜拼摆在鸟腿的部分，南瓜拼摆在鸟的腹部。

（8）将心里美切丝拼摆在鸟的背部，在拼摆的过程中要注意丝的走向，不能过于稀疏。

（9）在拼摆鸟的翅膀的过程中要注意，首先将胡萝卜及心里美修成长水滴形，然后由外向内依次叠摆成飞羽，再用心里美由外向内依次叠摆成中羽，最后用青萝卜修成圆片摆成小羽。眼睛的部分可以用果酱点缀。

小贴士：
　　成品特色为灵动形象，色彩丰富有层次感，立体感较强，刀工精细。

说一说：
　1. 拼摆鸟类的时候出现了哪些问题？
　2. 总结归纳拼摆时的重难点。

指点迷津:

（1）禽鸟拼盘是动物类拼盘中最常出现的，在拼摆之前先将鸟头以及鸟爪雕刻出来，有利于底坯的捏制。

（2）鸟身在捏制的时候要注意胸部线条以及腿部肌肉的弧度。

（3）根据鸟类的品种决定翅膀与身体的比例，如果是立体的拼摆手法，翅膀可以借助胡萝卜等原料作为支撑物，然后在胡萝卜等原料上进行羽毛的拼摆。

冷拼大视野 禽鸟拼盘作品赏析

赏析一：喜上眉梢

原料：白蛋糕、黄蛋糕、熟火腿、酱牛肉、土豆泥、可可糕、盐水胡萝卜、盐水黄瓜、盐水虾、猪耳卷。

制作方法：

（1）将土豆泥码成两只不同姿态的喜鹊初坯。

（2）将熟火腿切成长柳叶形，排叠鸟尾羽毛。将白蛋糕切成柳叶片，排叠鸟颈、身部羽毛，熟火腿切成长柳叶形，排叠大翅膀羽毛。用同样的方法拼摆出另一只不同姿态的喜鹊。

（3）将可可糕刻成花枝，盐水胡萝卜雕刻成梅花，黄蛋糕雕刻成花心，将酱牛肉、盐水虾、猪耳卷、盐水黄瓜、盐水胡萝卜切片摆成山石，最后雕刻小草点缀即可。

赏析二：鸳鸯戏水

原料：醉鸡丝、白蛋糕、盐水胡萝卜、鱼茸卷、可可糕、黄瓜、黄蛋糕、蛋黄卷、西式火腿、盐水黄瓜、盐水青萝卜、盐水心里美、盐水蒜薹、各色鱼胶卷、酱牛肉、红肠、罐装午餐肉、虾仁、肉松。

制作方法：

（1）醉鸡丝码成两只不同姿态的鸳鸯初坯。

（2）用盐水胡萝卜雕刻出鸳鸯的头羽和嘴巴。

（3）用盐水黄瓜切片叠成尾部羽毛。用鱼茸卷和蛋黄卷依次往前排列成背部的羽毛，白蛋糕

切成柳叶形，排叠成胸部的羽毛，头部的羽毛分别用盐水胡萝卜以及盐水青萝卜拼叠。翅膀的原料采用的是盐水黄瓜以及盐水胡萝卜。为了方便区分，可分别使用另外两种颜色叠摆成另外一只鸳鸯的翅膀（雄鸟有相思羽，可用盐水胡萝卜或者黄蛋糕雕刻而成）。

（4）白蛋糕、盐水胡萝卜、可可糕、黄蛋糕、盐水黄瓜切成长柳叶形，排叠成荷叶状。

（5）将盐水心里美切丝叠摆成荷花，盐水蒜薹做成荷叶和荷花的枝柄，用黄瓜皮雕刻成水草。

（6）用肉松或者醉鸡丝垫底，用酱牛肉、红肠、各色鱼胶卷、罐装午餐肉以及去头尾的虾仁摆成假山的形态。

（7）将盐水黄瓜的头部切片摆成水泡，表皮切丝摆成水波纹进行装饰。

赏析三：大展宏图

原料：可可琼脂膏、奶味琼脂膏、南瓜、罐装午餐肉。

制作方法：

（1）罐装午餐肉切碎后码成鹰的初坯。

（2）将奶味琼脂膏修成长水滴形，切片摆成鹰的尾部，为了增加真实感可以用拉刻刀在羽毛的表面拉上细纹。

（3）用可可琼脂膏雕刻出腿部羽毛的形态，直接拼摆在尾部的两侧。

（4）将奶味琼脂膏雕刻成鹰的头部，后面的羽毛用奶味琼脂膏修成水滴形切片拼摆而成。

（5）翅膀的羽毛由外向内拼摆，可利用可可琼脂膏修成长水滴形，先摆出飞羽，用奶味琼脂膏切细丝贴在飞羽的表面，第二层中羽和第三层小羽可分别使用奶味琼脂膏和可可琼脂膏贴摆而成。

（6）最后用南瓜刻成腿爪即可。

赏析四：雄鸡报晓

原料：盐水黄瓜、盐水胡萝卜、盐水心里美、白蛋糕、潮式肉卷、酱牛肉、酱牛舌、黄蛋糕、西兰花、红肠、罐装午餐肉。

制作方法：

（1）将罐装午餐肉切碎之后码成雄鸡的初坯。

（2）用盐水胡萝卜雕刻出鸡头和鸡爪，用盐水黄瓜跳刀切成雄鸡的尾巴，再用雕刻刀修形，然后将盐水心里美和白蛋糕拉刀成细丝，叠摆成

羽毛的形态，翅膀的部分可使用罐装午餐肉和潮式肉卷修成的长水滴形进行叠摆。

（3）拼摆完身体以及翅膀之后，将雕刻好的鸡头和鸡爪拼摆上去。

（4）将酱牛肉、酱牛舌、红肠、黄蛋糕、盐水心里美加工成长水滴形，切片由上往下叠摆，最后用焯水后的西兰花点缀。

（5）用盐水黄瓜的表皮雕刻成青草、假山和云雾，用盐水胡萝卜切片雕刻成初升的旭日进行装饰即可。

做一做：

1. 熟练掌握禽鸟拼盘的操作步骤及方法。
2. 运用前面几节所学的内容对禽鸟拼盘进行创新。
3. 归纳总结在制作过程中出现的问题。

动物拼盘造型实例

师傅指路：

动物分类学家根据动物的各种特征（形态、细胞、遗传、生理、生态和地理分布）进行分类，将动物依次分为 7 个主要等级，即界、门、纲、目、科、属、种。

根据化石研究，地球上最早出现的动物源于海洋。早期的海洋动物经过漫长的地质时期，逐渐演化出各种分支，丰富了早期的地球生命形态。在人类出现以前，史前动物便已出现，并在各自的活动期得到繁荣发展。后来，它们在不断变换的生存环境下相继灭绝。但是，地球上的动物仍以从低等到高等、从简单到复杂的趋势不断进化并繁衍至今，并有了如今的多样性。

科学家们把现存的人类已知的动物分为无脊椎动物和脊椎动物两大类。

至今，科学家已经鉴别出 46 900 多种脊椎动物，包括鲤鱼、黄鱼等鱼类动物，蛇、蜥蜴等爬行类动物，青蛙、娃娃鱼等两栖类动物，以及鸟类和熊猫等哺乳类动物等。

科学家们还发现了 130 多万种无脊椎动物，这些动物中多数是昆虫，包括蜘蛛、毛毛虫等。动物界所有成员的身体都是由细胞组成、异养的有机体。海洋就是地球上最大的生态群系，地球上最初的生命便是在此孕育。

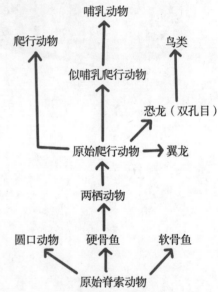

猴子花色拼盘

一、原料及工具介绍

原料			工具
罐装午餐肉（1罐）	黄瓜（1条）	方腿（适量）	桑刀
肉松（适量）	香肠（适量）	卤牛肉（1包）	砧板
南瓜（适量）	莴笋（1根）	卤牛舌（1包）	镊子
胡萝卜（1条）	虾仁（少许）	巧克力酱（适量）	
酱牛肉（1包）	可可糕（适量）	蕃茜（适量）	
山药（1根）	虫草花粒（适量）	鱼子（适量）	

二、工艺制作流程

垫底 → 盖面 → 拉丝 → 盖面 → 切片 → 盖面 → 整形

三、工艺制作过程

（1）将罐装午餐肉切碎，用来垫出猴子、桃子的初坯。

（2）将肉松倒在初坯的表面，使肉松均匀覆盖在初坯的表面。

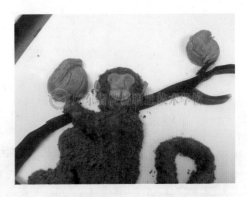

（3）覆盖均匀之后用纸巾或者干净的抹布将多余的肉松清除干净。尽量让盘子不要沾到多余的肉松，否则会影响整体的美观。

（4）将可可糕加工成树枝的形状，然后将南瓜加工成细丝覆盖在桃子的初坯表面。

（5）将黄瓜切成细柳叶片，拼摆成叶子的形态装饰在桃子的周边。

（6）将盐水黄瓜、胡萝卜、卤牛肉、卤牛舌、香肠、莴笋改刀成圆片进行叠摆，虾仁去头尾作围边装饰。

（7）使用模具将加工后的熟山药、莴笋丝、虫草花粒以及罐装午餐肉加工成圆形分别放置在四个小方碟中，将方腿、莴笋、胡萝卜和酱牛肉加工成长方块叠摆成三角的形态，中间用巧克力酱、蕃茜以及鱼子进行点缀即可。

小贴士：

　　成品特色为拼摆简单，色泽多样，形象美观大方，材料丰富，形态立体逼真，实用性强。

想一想：

　　除了肉松以外，在盖面的时候还能使用其他什么原料？在拼摆的过程中需要注意哪些问题？

指点迷津：

　　（1）在捏制猴子身体的时候要注意四肢的比例，不要出现头大身小的现象。

　　（2）在用肉松盖面的时候要注意周边肉松的清理。

（3）在捏制桃子初坯的过程中要注意初坯不要过高，从上到下注意弧度的变化。

冷拼大视野 动物拼盘作品赏析

赏析一：松鼠戏葡萄

原料：琼脂、可可粉、盐水黄瓜、盐水胡萝卜、白蛋糕、盐水方腿、南瓜、肉松、罐装午餐肉、盐水青萝卜、卤猪舌、鱼胶卷、虾仁、白萝卜卷、果酱。

制作方法：

（1）琼脂熬溶，加可可粉后倒入盘内，凝成胶冻状，然后雕刻成屋脊和窗户摆放在盘中。

（2）罐装午餐肉码成松鼠的初坯，用肉松盖面，果酱点缀。

（3）盐水黄瓜皮拉刀成葡萄叶，盐水胡萝卜做成葡萄及点缀。将盐水胡萝卜、盐水黄瓜、南瓜、盐水方腿以及白蛋糕切成细丝摆成水果的造型。

（4）最后用盐水胡萝卜、盐水青萝卜、卤猪舌、鱼胶卷切片排叠成山石，另用去头尾的虾仁、白萝卜卷点缀即可。

赏析二：荷塘牧牛

原料：黄瓜、南瓜、烧鸭鸭脯、火腿肠、黄蛋糕、蛋皮卷。

制作方法：

（1）先将烧鸭鸭脯切块，叠摆成牛头和牛身，用南瓜雕刻成牛角进行装饰。

（2）将火腿肠、黄蛋糕修成柳叶片，将黄瓜以及蛋皮卷切片摆成假石的形态。

（3）利用雕刻刀将黄瓜皮雕刻成柳枝和柳叶，把南瓜雕刻成水波纹进行装饰点缀即可。

做一做：

1. 掌握动物拼盘的制作方法。

2. 熟悉各种动物的垫底造型特点。

3. 掌握动物盖面时肉松覆盖的要点。开动脑筋想一想还有什么原料可以作为动物拼盘的盖面原料。

4. 利用前面几节掌握的冷拼花样与技巧，说一说动物拼盘还能进行怎样的创新。

5. 在动物拼盘拼摆的过程中重难点是哪些？如何改进？

项目七

器物拼盘造型实例

师傅指路：

器物主要是用以盛装物品或作为摆设的物件的总称，也叫作器皿。器皿可以由不同的材料制成，并做成各种形状，以满足不同的需求。"皿"为名词，是碗、碟、杯、盘一类用器的统称，如器皿、皿金（金属器皿）、皿卷（清代科举，顺天乡试监生的试卷）、皿器（盛物用具的统称）等，后泛指盛东西的日常用具。

花篮花色拼盘

一、原料及工具介绍

原料		工具
黄瓜（1 条）	香芹（适量）	桑刀
南瓜（适量）	心里美（1 个）	砧板
胡萝卜（1 条）	各色果酱（适量）	镊子
蕃茜（适量）	鲜花（食品雕刻花卉）	

二、工艺制作流程

垫底 → 黄瓜切片 → 编织 → 其他原料切片 → 盖面 → 装饰整形

三、工艺制作过程

（1）先用巧克力果酱勾出简单的线条，然后用不同颜色的果酱对其相应的部位上色，增加画作的多彩性。

（2）用澄面捏摆出花篮的底座，从整体的样式上看，有一点类似于牛头状。

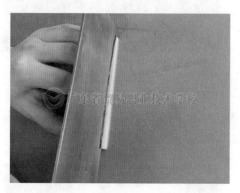

（3）将黄瓜中间开半，然后改刀成薄片。

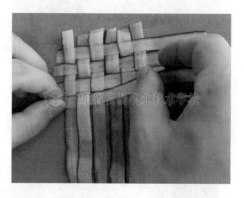

（4）将黄瓜改刀成片之后编成竹席状。用刀面将编好的黄瓜铲起，注意在铲之前把四周多余的废料修正。

（5）将黄瓜覆盖在花篮的篮筐周围，用雕刻刀修去多余的部分。在垫底时要注意篮筐周边的部分为弧线下坠，黄瓜应该全部将这些地方覆盖住，防止露馅。

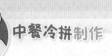

（6）将胡萝卜、南瓜、心里美改刀成长水滴形，然后拉刀成片。

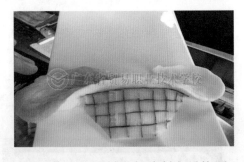

（7）将这些原料进行腌制之后按照花篮篮边的部分依次叠摆，在叠摆时要注意整个造型的弧线感。

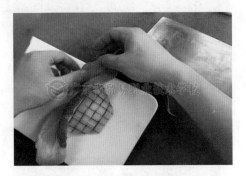

（8）在拼摆的时候要注意尽量不要将相近或相同颜色的原料叠摆在一起，在拼摆盐水胡萝卜的同时也要注意左右对称。

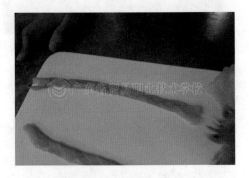

（9）在摆完篮身的部分之后要注意篮把的编织，将香芹焯水之后改刀成平整的片，三条香芹编织成麻花辫，去头尾之后做成篮把。

（10）用蕃茜、洋兰花等原料进行装饰，尽量遮盖住其他原料叠摆时出现的尾料。

（11）在完成花篮的主体之后可以适当加一些果酱画，增加整个作品的饱满度，在篮边的叠摆部分一定要注意不要让底下的澄面显露出来破坏整个作品的美感。

小贴士：

　　成品特色为拼摆简单，色泽艳丽和谐，形象美观大方，立体感强且造型逼真。

想一想：

　　花篮拼盘在拼摆的时候应该注意哪些问题？还可以在哪些方面进行创新？

冷拼大视野　锦绣花篮作品赏析

原料：鸡蛋松、盐水虾、紫菜蛋卷、蛋卷、盐水黄瓜、白蛋糕、黄蛋糕、卤口蘑、海棠、红樱桃。

制作方法：

（1）鸡蛋松垫底码成花篮初坯。

（2）用盐水虾做成篮底。

（3）将紫菜蛋卷、蛋卷、盐水黄瓜、白蛋糕切片，分四层拼摆成篮腰。

（4）将黄蛋糕切成长方形拼摆成篮边。

（5）将蛋卷切片做成篮顶。

（6）分别用盐水虾、海棠、卤口蘑、紫菜蛋卷做成花，盐水黄瓜皮刻成竹子和花叶，用红樱桃镶嵌。

做一做：

1. 掌握花篮花色拼盘的制作方法。

2. 熟悉其他器物拼盘的制作方法。

3. 如何将器物拼盘与其他类型的拼盘进行搭配叠摆。

4. 在拼摆器物拼盘时应该如何掌握器物线条的美感？

5. 总结归纳各种器皿的异同点，并分析在拼摆的过程中如何使用刀工技巧以对这些器皿加以区分。

景观拼盘造型实例

师傅指路：

"景观"一词最早出现在希伯来文《圣经》中，用于对圣城耶路撒冷总体美景（包括所罗门寺庙、城堡、宫殿在内）的描述。它的这个观点也许与其犹太文化背景有关。但无论是东方文化还是西方文化，"景观"最早的含义更多具有视觉美学方面的意义，即与"风景"（scenery）同义或近义。文学艺术界及绝大多数的园林风景学者所理解的景观也主要是这一层含义。各种词典对"景观"的解释也是把"自然风景"的含义放在首位。

对景观的理解一般有以下几个方面。

（1）某一区域的综合特征，包括自然、经济、人文等方面。

（2）一般自然综合体：指地理各要素相互联系、相互制约、有规律结合而成的具有内部一致性的整体，大如地图（景观圈）、小如生物地理群落（单一地段），它们均可分为不同等级的区域或类型单位。

（3）区域概念：指个体区域单位，相当于综合自然区划等级系统中最小一级自然区，是相对一致发生和形态结构统一的区域。

（4）类型概念：用于任何区域分类单位，指相互隔离的地段按其外部特征的相似性，归为同一类型的单位，如草原景观、森林景观等。这一概念认为区域单位不等同于景观，而是景观的有规律组合。

桥花色拼盘

一、原料及工具介绍

原料	工具
白萝卜（1条）	桑刀
黄瓜（1条）	砧板
胡萝卜（1条）	镊子
果酱（适量）	

二、工艺制作流程

修料 → 切片 → 盖面 → 整形

三、工艺制作过程

（1）将白萝卜加工成厚块，黄瓜对半切开备用。

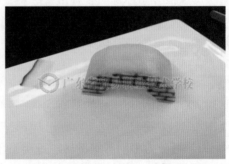

（2）用雕刻刀将白萝卜加工成拱形，然后用果酱在表面画出砖块。

（3）将黄瓜切成与白萝卜宽截面一样大小的片，然后依次叠摆。

（4）在叠摆黄瓜的时候要注意，桥的两边应该长度一致，应该根据弧面整理黄瓜的位置。

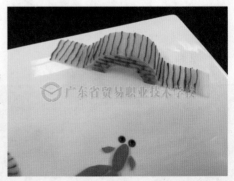

（5）用胡萝卜雕刻出护栏的形态，原料可以切厚一点，完成后中间开半。

（6）将护栏对半开之后可以按照桥弧面的长短进行整理，确保两边栏杆的弧线对应。

小贴士：

　　成品特色为拼摆简单，精巧别致，形象美观，造型逼真，立体感强，质朴素雅。

想一想：

　　还有哪些桥可以列入创作的素材，异同点有哪些？

指点迷津：

　　（1）桥的形态多种多样，可根据宴会的主题以及要求更改形态，在制作桥身的时候可用块状原料堆积，同样也可以使用现成的雕刻原料。

　　（2）在制作桥身的过程中一定要注意两边保持对称，不可一边高一边低，或者出现两边台阶不同的状况。

冷拼大视野　景观拼盘作品赏析

赏析一：一帆风顺

原料：拌鱿鱼丝、孜然羊肉、白蛋糕、熟火腿、黄蛋糕、酱猪肝、蒜薹、猪耳卷、盐水黄瓜、盐水白萝卜、盐水青萝卜、红枣、盐水胡萝卜等。

制作方法：

（1）用拌鱿鱼丝做成假山的初坯。

（2）将孜然羊肉、猪耳卷、酱猪肝、黄蛋糕、盐水白萝卜分别切成片，然后再排叠成假山放在左边，用盐水黄瓜皮雕刻成柳叶装饰。

（3）右部用熟火腿摆成船身和船舱，用黄蛋糕摆成船顶，盐水胡萝卜镶边，底部用盐水青萝卜切摆成水浪，用蒜薹摆成桅杆，将红枣去核、摆成灯笼的形态，将盐水胡萝卜切成细丝装饰，右上角用白蛋糕雕刻成月亮和云彩进行点缀。

赏析二：锦绣山河

原料：琼脂冻、麻辣鸡丝、盐水虾、酱牛肉、卤猪舌、拔丝核桃、西兰花、黄蛋糕、盐水黄瓜。

制作方法：

（1）琼脂冻铺底，麻辣鸡丝垫底，做三座山的初坯。

（2）用酱牛肉、卤猪舌、盐水虾切片拼摆成山，用拔丝核桃和焯水之后的西兰花点缀假山。

（3）用雕刻刀将黄蛋糕雕成长城的形态摆放在假山之上，其中缝隙的部分可以用西兰花进行装饰掩盖。

（4）最后用盐水黄瓜雕刻成大雁进行装饰。

赏析三：南国风光

原料：琼脂冻、拌鸡丝、白蛋糕、盐水胡萝卜、盐水黄瓜、盐水心里美、葱油海蜇、黄瓜。

制作方法：

（1）琼脂冻铺底，然后用拌鸡丝垫底围在盘内。

（2）白蛋糕、盐水胡萝卜、葱油海蜇分别切成长宽、厚薄一致的片，拼摆在盘子的底部作为假山，盐水心里美切成菱形段点缀。

（3）盐水黄瓜刻成椰树枝干，蓑衣黄瓜做成椰树叶，将盐水心里美修成圆形装饰成叶子。

（4）用雕刻刀将盐水黄瓜分别雕刻成海鸥、远处的海岛、帆船、海浪进行装饰，用盐水胡萝卜雕刻成圆日装饰在海岛之上。

赏析四：古塔生辉

原料：可可糕、怪味鸡丝、镇江肴肉、酱猪耳、酱牛肉、南瓜、白蛋糕、鸡肉肠、盐水黄瓜、盐水心里美、蒜薹、红椒。

制作方法：

（1）怪味鸡丝在盘内堆码成初坯。

（2）将可可糕、南瓜、酱猪耳、镇江肴肉、鸡肉肠、酱牛肉改刀成长短一致的块状，然后再切成均匀的薄片进行叠摆。

（3）将白蛋糕雕刻成楼阁的形状摆在中间。

（4）每一层的屋檐用盐水黄瓜和盐水心里美切片叠摆。

（5）用焯水之后的蒜薹切成菱形段围边，中间用红椒切成细丝，再改刀成粒进行点缀即可。

做一做：

1. 掌握景观拼盘的拼摆方法。

2. 讲一讲在拼摆过程中应该注意哪些问题。

3. 在景观拼盘的拼摆过程中，雕刻技巧的使用比较频繁，所以要熟练掌握各种建筑物的雕刻手法，并将其与假山之类的风景进行结合。

4. 尝试说一说还有什么样的景观可以融合进拼盘当中。

多碟拼盘造型实例

主碟花色拼盘

一、原料及工具介绍

原料		工具
黄瓜（1 条）	青萝卜（1 条）	桑刀
鱼肉肠（适量）	希鲮鱼（适量）	砧板
胡萝卜（1 条）	酱牛肉（1 包）	镊子
白萝卜（1 条）	心里美（1 个）	
蕃茜（适量）	南瓜（适量）	
罐装午餐肉（1 罐）	琼脂膏（适量）	

二、工艺制作流程

切片 → 垫底 → 盖面 → 整形

三、工艺制作过程

（1）将青萝卜改刀成厚块，用盐腌制。

（2）将腌制后的青萝卜用拉刀的方法加工成片状，在加工的时候片尽可能切薄一点。

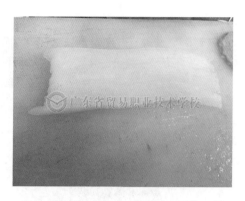

（3）将白萝卜加工成长水滴形，用盐充分腌制以后，拉刀成片，在拉片的过程中尽可能不损坏整料的形态。

（4）用罐装午餐肉捏成中间的圆锥形，然后将切好的青萝卜由内向外依次叠摆。叠摆的片也是由小到大慢慢包裹。

（5）拼摆完叶子的部分之后再用罐装午餐肉捏编成白菜的主体部分，分别用切好的白萝卜捏成3片扇面进行叠摆。

（6）将黄瓜改刀成圆片进行叠摆，去掉原料的四分之一，使其可以站立起来。

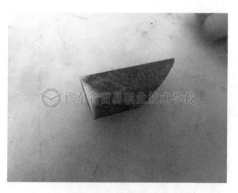

（7）将其他原料修成圆柱形后，再斜切成片依次叠摆。

（8）在叠摆假山的时候要注意层次感，尽量不要在同一水平线叠摆相同的食材。

（9）可以雕刻一些小型昆虫放在白菜的表面进行装饰。

（10）如果是使用玻璃类的器皿，可以在底部盖上琼脂膏进行垫底，使作品产生一定的色彩对比，从而更加凸显作品的主体。

（11）作品完成图。

主围碟组合花色拼盘

一、原料及工具介绍

原料		工具
盐水黄瓜（1条）	盐水青萝卜（1条）	桑刀
方腿（适量）	果酱（适量）	砧板
盐水胡萝卜（1条）	酱牛肉（1包）	镊子
心里美（1个）	西兰花（适量）	
南瓜（适量）	圣女果（适量）	
罐装午餐肉（1罐）	虾仁（适量）	

二、工艺制作流程

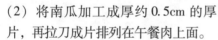

切片 → 垫底 → 盖面 → 整形

三、工艺制作过程

（1）将罐装午餐肉切碎之后垫成牛身的形状。

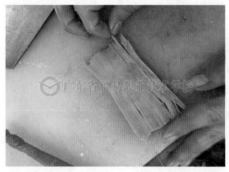

（2）将南瓜加工成厚约 0.5cm 的厚片，再拉刀成片排列在午餐肉上面。

（3）根据牛身体的大小雕刻出牛头，注意牛头细节部分的把握。

（4）将牛头安装到牛身之后，用雕刻刀将周边多余的原料去除。

（5）将盐水胡萝卜、盐水黄瓜、方腿等原料先修成带有轮廓的假山，然后再切成厚度一致的片，由上往下叠摆，然后底部切平叠摆在盘中。

（6）各种原料叠摆之后，将虾仁、西兰花进行焯水处理，虾仁去头尾，西兰花改小进行点缀。

（7）将盐水青萝卜改成荷叶的形状，在将盐水黄瓜切成细丝摆成水草，圣女果切半摆成圆日，用果酱点出蝌蚪等对作品进行装饰。

（8）一般组合拼盘会配有围碟。围碟一般是以小件的单个作品组成，不同于主碟的是，围碟的作品通常可以食用。

（9）围碟的品种非常多样，且每一种碟子里的食材都可以独立拼摆成不同的造型，也可以使用主碟中的原料进行拼摆。

指点迷津：
（1）多碟拼盘的组合形式以观赏主盘配围碟为主，围碟中的食材可食用。
（2）围碟的形态可根据顾客的要求更改为统一形状或不同形状。

冷拼大视野　多碟拼盘作品赏析

赏析一：松鹤延年（晨曦）

原料：罐装午餐肉、白蛋糕、南瓜（或者黄蛋糕）、可可糕、鸡蛋干、酱牛肉、虾仁、芦笋、拌西兰花、鸡肉肠、皮蛋肠、盐水胡萝卜、盐水莴苣、盐水方腿、猪耳卷等。

制作方法：

1. 主盘

（1）罐装午餐肉在盘内堆码成两只仙鹤的初坯，把可可糕切成柳叶片，在盘中适当位置先叠摆出仙鹤的尾羽。

（2）取出白蛋糕修成长柳叶块，再改刀成片，然后挨着尾羽从下至上堆码出两只仙鹤的身形。另取一部分白蛋糕雕刻成仙鹤的颈和头，再用南瓜（或者黄蛋糕）雕刻成仙鹤的嘴巴进行拼摆。

（3）用盐水胡萝卜刻出仙鹤的脚爪。

（4）将盐水莴苣、酱牛肉、猪耳卷、鸡肉肠、皮蛋肠、白蛋糕切片堆码成山石；虾仁焯水之后去头尾叠摆装饰在假山周围，周边用同样的方法叠摆假山。

2. 围碟

将芦笋、鸡蛋干、盐水方腿以及白蛋糕分别加工成长约10cm的圆柱段，再改刀为三，在盘中整齐地堆码起来，形成4个小围碟即可。

赏析二：丰收

原料：盐水胡萝卜、盐水青萝卜、南瓜、罐装午餐肉、烟熏鸭脯、日本大根、盐水白萝卜、虾仁、方腿、鸡蛋干、红椒、毛豆、茭白、橄榄、盐水莴苣、辣白菜、鱼子、蕃茜、蒜薹。

制作方法：

1. 主碟

（1）将盐水青萝卜雕刻成树枝以及树叶，然后放入水中备用。

（2）将罐装午餐肉切碎捏摆成南瓜和玉米的造型，然后将盐水胡萝卜和盐水青萝卜分别拉丝垫在原料的表面。

（3）将烟熏鸭脯、日本大根、盐水白萝卜、盐水胡萝卜以及虾仁分别加工成片叠摆成假山的形态。

（4）将雕刻好的树枝、树叶分别摆放在盘子当中，然后将盐水胡萝卜改刀成片再摆成喇叭花的形状，叠摆在盘中即可。

2. 围碟

（1）右下：保留辣白菜的菜叶部分，中间包裹方腿进行卷制，在上面点缀黑色的鱼子。底部用鸡蛋干摆成台阶，蒜薹修成枝干，红椒修成花苞，用蕃茜点缀。

（2）右上：鸡蛋干修成菱形，虾仁去头尾摆成半圆形。右上角用盐水青萝卜和盐水胡萝卜修成枝干和花朵进行装饰。

（3）左下：将盐水莴苣加工成丝后用模具固定成圆形，将橄榄对半切进行装饰。底部用鸡蛋干摆成台阶，蒜薹修成枝干，红椒修成花苞，用蕃茜点缀，与右下形成对称。

（4）左上：将茭白切片做成漏斗，毛豆煮熟去掉表皮，整理排列在漏斗当中，左上角用盐水青萝卜和盐水胡萝卜修成枝干和花朵装饰，与右上角形成对称。

赏析三：夏日荷塘

原料：盐水胡萝卜、盐水青萝卜、南瓜、罐装午餐肉、烟熏鸭胸、日本大根、盐水白萝卜、虾仁、盐水方腿、鸡蛋干、百合、山药、皮蛋肠、蒜薹。

制作方法：

1. 主碟

（1）先将罐装午餐肉切碎捏摆成荷叶的形状。

（2）将盐水青萝卜修成长水滴形再改刀成片，整齐排列在荷叶之上，再将蒜薹改刀成枝干，百合焯水之后修成荷花的花瓣进行叠摆。

（3）将烟熏鸭胸、日本大根、盐水白萝卜、盐水胡萝卜以及虾仁分别加工成片叠摆成假山的形态，中间用鸡蛋干拼摆成桥梁，底部用盐水胡萝卜雕刻成小鱼进行装饰。

2. 围碟

（1）右边：将日本大根和盐水方腿改刀成长方块，然后叠摆成正方形，中间用盐水青

萝卜、盐水胡萝卜以及鸡蛋干做装饰。

（2）中上：盐水胡萝卜改刀成片，摆成正方形，再将山药焯水后，用模具将山药和皮蛋肠加工成圆形叠摆，中间不变。

（3）中下：日本大根加工成片叠摆成正方形，虾仁去头尾对半切，烟熏鸭胸切成厚片进行叠摆，中间不变。

（4）左边：将日本大根和鸡蛋干切成菱形块进行叠摆，将鸡蛋干切成薄片在日本大根底部摆成正方形，中间不变。

知识拓展　花色冷拼的拼摆步骤

花色冷拼，又称花色拼盘，不仅要求制作者刀工娴熟、刀法多样，还要求制作者具备一定的美学修养。成形的拼盘不但要形象优美，而且要有食用价值。花色冷拼一般按选题、构图、原料准备和拼装成形四个步骤进行拼摆。

1. 选题

花色冷拼的造型要经过精心挑选，这是美化菜肴的前提。花色冷拼讲究造型逼真、形态美观，因而制作过程不能随心所欲，一定要经过认真的选题，设计出切实的制作方案，为顺利完成拼盘打下基础。

（1）根据宾客的不同特点选题。随着人民生活水平的提高，旅游事业蓬勃发展，来自四面八方的宾客，由于饮食习惯、宗教信仰等的不同，对花色冷拼的要求也不一样。例如熊猫是日本人比较喜欢的图案；妇女喜欢孔雀、凤凰、花卉的图案等。只有针对不同客人的特点，选用其喜欢的图案，才能收到最好的效果。

（2）根据筵席的主题选题。制作花色冷拼的目的在于烘托宴会的气氛，为此应根据筵席的主题，确定恰当的题材，满足客人的心理需求。在构思的过程中，要精心设计，反复琢磨，全面考虑，使得花色冷拼既能突出主题形象和风味特色，又能使造型菜品各施所长；既能体现生动逼真的艺术形象，又能使多种味别配合得当，富于营养。充分发挥花色冷拼既供欣赏，又供食用的作用。如婚筵应选择"喜鹊登梅""鸳鸯戏水"等象征吉祥如意的题材；祝寿筵应选择"寿桃满园""松鹤延年"等象征延年益寿的题材；为迎送宾客而举行的筵席常用"百花齐放""花篮迎宾"等题材营造气氛。

（3）根据原料的供应情况选题。我国幅员辽阔、地大物博、物产丰富，各地冷拼原料各有特色。花色冷拼所用原料应当就地取材，突出本地区的风味。原料的选择应根据题材正确运用，可以荤素兼用，也可以单荤单素。例如"雄鹰展翅"，南方常用叉烧肉、卤猪舌等，而北方常用五香牛肉拼制。

（4）根据筵席的费用标准选题。花色冷拼选题时应做好成本核算，不能只追求美观，而不考虑经济效益。高档筵席多选用海参、鲍鱼等名贵原料，要求刀工精湛，造型富有艺术性；中档筵席常用鸡、鸭、鱼、肉、蔬菜等原料，在刀工和造型上的要求比高档筵席简单一些；低档筵席在工艺上要求简洁，所用原料档次也比中档筵席低。

（5）根据人力和时间选题。花色冷拼制作费时、费工，为此在大型宴会或桌数较多的情况下，选题时应充分考虑技术力量、人员数量以及时间等因素。一般情况下，技术力量雄厚、人员充足、时间充裕，花色冷拼选的图案就复杂一点，反之就简单一些。花色冷拼的选题一定要考虑人力和时间等因素，这是决定花色冷拼制作成败的关键。

2. 构图

构图是制作花色冷拼中很重要的环节，所选图案既要突出主题，又要使人赏心悦目。构图时应达到以下几点要求：

（1）根据盛器的形状和色彩构图。盛器是盛装冷拼原料的工具，常用的有圆形、椭圆形、方形等。盛器选用是否得当与成品效果有密切的关系。一个好的花色冷拼要做到造型生动、色彩和谐、比例恰当，因此在选用盛器方面要做到以下三点：

①利用颜色对比突出主题。一般深颜色的盛器和带花边的盛器，冷拼原料要尽可能选用色彩较淡的；洁白素净的盛器，冷拼原料应选用色彩鲜艳的。这样，盛器与原料在颜色对比上就会明显、清晰，使图案更为突出。

②构图与盛器的比例要恰当。盛器拼装上造型图案后应留有一定的空间，图案占盛器的 3/5 比较适宜。如果图案所占比例太大，容易产生臃肿、不舒展的感觉；若图案所占比例太小，又会令人产生空洞、不丰满的感觉。

③根据图案的需要采用不同形状的盛器。冷拼制作要根据实际情况灵活地使用盛器，以达到大方、美观、实用的目的。如圆形、方形、菱形图案一般采用圆形的盛器；长形图案一般采用椭圆形的盛器。

（2）根据图案的主色构图。花色冷拼不能像绘图那样随意调出各种各样的色彩，所以在色彩的组合上应按构图的内容分清主次。如拼摆"雄鹰展翅"，大都采用五香牛肉等黑褐色冷菜拼摆而成，黄瓜或青椒制成松枝，但不占主导地位，只能起衬托作用。一盘成功的花色冷拼，除了要造型逼真、刀工处理得当之外，颜色的搭配是否合理、恰当，也是一个关键的因素。

（3）根据物体的象征构图。花色冷拼能否生动地展示在宾客的面前，关键在于构图时能否掌握住各种物体的特征。例如，各种花卉的叶片各不相同，颜色多种多样，姿态千差万别；再如禽、兽、鱼、虫的姿态各异，各有特征，应准确地把握。

（4）根据宾客的饮食特点构图。花色冷拼不但要造型美观，色彩和谐，而且应当尊重宾客的饮食特点，选用宾客喜爱的冷菜来构图，既给人以美的享受又让人大饱口福。例如西方人喜爱新鲜的鱼、虾、鸡、鸭、牛、羊等，不喜欢吃带骨头的肉，就要按照他们的爱好选择冷菜原料拼制花色冷拼。

3. 原料准备

根据色彩、造型、构图的需要，做好原料的准备工作。

（1）选用原料的自然色彩。根据花色冷拼图案的要求，应尽量选用形态自然、色彩和谐的原料。如五香牛肉的酱色；青椒、黄瓜、莴苣的绿色；皮蛋、冬菇的黑色等。

（2）特别形状的加工准备。在拼摆花色冷拼过程中，虽然在冷菜原料中可以找到一些合适的形态，但远远不能满足造型的需要，应采取加工的手段来弥补不足。如拼摆"雄鹰展翅"，鹰的嘴和脚爪可预先雕刻好，身上大小羽毛可预先雕刻出样子，装盘时再切成较多的大小羽毛。辅助原料也必须在装盘前准备好，这样待正式装盘时，既可节省装盘时间，也便于组合。

4. 拼装成形

（1）垫底。垫底是拼摆的第一个步骤，是按所设计的图案把选好的原料进行适当的刀工处理，在盘内拼摆雏形。这个雏形的好坏是花色冷拼拼摆成败的关键，也是一个后续拼摆基础。

（2）盖面。盖面是根据垫底雏形把不同颜色的原料加工成形，按照图案的要求拼摆成完整的整体，是一个组装成形的过程。可以先在菜墩上按部位顺序排列好，再码在盘内的轮廓上，也可以把加工好的原料拼贴在盘内的轮廓上。拼摆的程序是：先拼底后拼面，先拼边后拼中间，先拼尾后拼头，先拼主体后拼空间，先拼底部后拼上部。

（3）点缀。花色冷拼的点缀，是为了突出整个冷拼的完整效果，弥补冷拼只求美观性而食用性不强的缺点，起到画龙点睛的作用。点缀品一般以色彩鲜明的蔬菜、瓜果的小型雕刻和熟食为主，操作时要注意：

①凡是盘面上的刀工整齐、形态较美观的，点缀品宜放在盘边。如果盘面上的刀工并不整齐好看的，点缀品宜放在上面以弥补不足。

②凡是色泽比较暗淡的冷拼，上面或中间可以放点缀品。凡是色彩鲜艳的冷拼，可用对比强烈的原料来点缀，点缀品宜放在盘边。点缀品要少而精，不可滥用，切忌画蛇添足或喧宾夺主，一定要突出主题，装入盘内的点缀品要求能食用。可食性生料要严格消毒，防止食品污染。

模块三自我测验题

一、单项选择题

1. （ ） 是将比较整齐的原料，经过刀工处理后，盖在垫底原料的边沿。
 A. 打底　　　　　　　　　B. 盖面
 C. 围边　　　　　　　　　D. 叠面

2. （ ） 是多种原料经过艺术加工，在盘内构成一定的图案或造型，一般多用于高档宴席之上。
 A. 花式冷拼　　　　　　　B. 三拼
 C. 双拼　　　　　　　　　D. 多拼

3. 冷拼造型的构图不同于一般绘画艺术，具有一定的食用价值，需要 （ ），通过工艺制作来体现。
 A. 烹饪原料　　　B. 调味　　　C. 烹调　　　D. 刀工处理

4. 花色冷拼的造型过程中，解决 （ ） 问题是至关重要的，主要题材的定势、定位要考虑整体的气势。
 A. 拼摆　　　B. 设计　　　C. 构思　　　D. 布局

5. （ ） 是把两种或两种以上极不相同的东西并列在一起。
 A. 对比　　　B. 调和　　　C. 设计　　　D. 布局

6. 在制作以鸟类为题材的冷拼造型时，应按 "（ ）" 的基本原则进行拼摆。
 A. 先尾后身　　　B. 先身后尾　　　C. 先尾后头　　　D. 先头后身

7. 下列关于冷拼的命名，不属于按拼摆图形命名的是 （ ）。
 A. 山水拼盘　　　B. 锦上添花　　　C. 梅花拼盘　　　D. 相思河畔

8. 冷拼造型应坚持突出 （ ） 的原则。
 A. 精巧艺术　　　B. 规模艺术　　　C. 现代艺术　　　D. 夸张艺术

9. 花色冷拼最突出的特点是 （ ），常用于标准宴会。
 A. 用料多样　　　B. 主题鲜明　　　C. 做工细腻　　　D. 造型简练

10. 拼摆的关键是要处理好块面与块面的 （ ），要协调自然、浑然一体。
 A. 刀工形状　　　B. 衔接处　　　C. 色彩搭配　　　D. 线形组合

二、判断题

（ ） 1. 冷拼的种类分为五大类。

（ ） 2. 双色拼盘是由两种冷拼原料拼制而成的。

（　　）3．三色拼盘是用三种相同的冷拼原料拼摆而成的。

（　　）4．在拼摆鸟类造型的过程中，羽毛是从前往后拼摆的。

（　　）5．冷拼制作在刀工技法上，除掌握一般刀法外，还要掌握美化刀法及雕刻刀法。

（　　）6．单色拼盘是由多种冷拼原料拼制而成。

（　　）7．冷拼按拼摆技术要求和工艺难易繁简可分为花色冷拼和非花色冷拼两大类。

（　　）8．制作冷拼对刀工的要求不是很高。

（　　）9．营养卫生是冷拼的基本原则之一。

（　　）10．花色冷拼一定要加热后才能食用。

三、填空题

1．冷拼又称_____。

2．根据冷菜品种多少和拼摆形式不同将冷拼的种类分为_____、_____、_____。

3．一般冷拼的拼摆步骤：_____、_____、_____、_____。

4．花色冷拼的拼摆步骤：_____、_____、_____、_____。

5．凉菜的口味特点：_____、_____、_____、_____。

6．双色拼盘由_____种原料拼摆而成。

7．冷拼菜肴有_____、_____两种吃法。

8．花色冷拼又称_____。

四、问答题

1．请说出花色冷拼的原则。

2．请列出花色冷拼的步骤。

3．请说出一般冷拼的作用。

4．一般冷拼的种类有哪些？并举例。

5．什锦冷拼与一般冷拼的区别是哪些？

6．花色冷拼的种类有哪些？

五、论述题

1．如何加强花色冷拼的实用价值？

2．谈谈你对于花色冷拼的看法。

图书在版编目（CIP）数据

中餐冷拼制作/蔡阳主编.—广州：暨南大学出版社，2016.11（2021.8 重印）
（食品生物工艺专业改革创新教材系列）
ISBN 978 - 7 - 5668 - 1936 - 9

Ⅰ.①中…　Ⅱ.①蔡…　Ⅲ.①凉菜—制作—教材　Ⅳ.①TS972.121

中国版本图书馆 CIP 数据核字（2016）第 221617 号

中餐冷拼制作
ZHONGCAN LENGPIN ZHIZUO
主　编　蔡　阳

出 版 人　张晋升
策划编辑　张仲玲
责任编辑　高　婷
责任校对　邓丽藤
责任印制　周一丹　郑玉婷

出版发行　暨南大学出版社（510630）
电　　话　总编室（8620）85221601
　　　　　　营销部（8620）85225284　85228291　85228292　85226712
传　　真　（8620）85221583（办公室）　85223774（营销部）
网　　址　http://www.jnupress.com
排　　版　广州市天河星辰文化发展部照排中心
印　　刷　广东广州日报传媒股份有限公司印务分公司
开　　本　787mm×1092mm　1/16
印　　张　7.75
字　　数　198 千
版　　次　2016 年 11 月第 1 版
印　　次　2021 年 8 月第 2 次
印　　数　2001—3000 册
定　　价　38.00 元